轻松拍牛片

[日]萩原史郎
[日]萩原俊哉 著
向钊 译

自然风光摄影速成秘籍

实践准备、拍摄、RAW 显像技巧精粹

中国青年出版社

目录

邂逅一生的

萩原史郎、萩原俊哉 摄影作品

动与静

44
p.062

凭借中心点构图
增强协调感，
通过对角线构图赋予动感

被梦幻般光线穿透的瀑布。眼前相互交错的光与流动的线条令人印象深刻。它们在画面的对角线上，以独特的方式表现自我。另外，让时间宛若静止的枝丫，使整个画面看起来动中有静、静中有动。

【摄影参数】全画幅相机 70-200mm变焦镜头（112mm） 光圈优先AE模式（F11·2.5秒） 曝光补偿-1.0EV ISO100 WB：日光

窃窃私语的枫树

42
p.058

留意图片四边与四角，拍出完美作品

行车途中，透过林间缝隙看到了色彩鲜艳的枫树。让树林显得井然有序的同时，还要特别留意图片左右两侧的空间。只有图片左右两侧保持均衡，照片才会显得协调。

【摄影参数】全画幅相机　70-400mm变焦镜头（120mm）　光圈优先AE模式（F8 · 1/2秒）ISO100　WB：4500K

乌鸦驻足的时光

78

p.126

充分利用令人印象深刻的树干和树枝的形状

背景中浓雾弥漫，是拍摄樱花的最佳时机。进入画面的三棵樱花树，都长有极具美感的树干和枝条。这是通过寻找拍摄角度，认真考虑视角来实现的。在摄影的时候能遇到一只驻足停留的乌鸦，的确是一大幸事。

【摄影参数】4/3画幅相机　12-100mm变焦镜头（20mm/35mm等效焦距为40mm）光圈优先AE模式（F5.6 · 1/160秒）　曝光补偿+0.3EV　ISO200　WB：日光

森林的陪伴

65

p.102

以形单影只的花为目标

被远离群落、在小角落独自绽放的莲花升麻所吸引，拿起手中的相机拍下了这个画面。在背景中加入表现森林幽深的树干和微小的圆点散景，让人感受到来自森林的深深祝福。

【摄影参数】全画幅相机　70-200mm变焦镜头（180mm）　光圈优先AE模式（F5.6 · 1/80秒）曝光补偿+0.7EV　ISO200　WB：日光

蠹叶的忧伤

80
p.130

顺光可以映射出被摄对象原有的色彩

在强烈日光的照射下，杉树的树叶在其树干上投下了影子。仔细一看，树叶的投影里有些许虫眼。虽然顺光在使用上具有一定难度，但是在此处的恰当运用，却能直观地表现出蠹叶的忧伤与落寞。

【摄影参数】4/3画幅相机　12-40mm变焦镜头（16mm/35mm等效焦距为32mm）　光圈优先AE模式（F5.6 · 1/100秒）　曝光补偿-2.0EV　ISO200　WB：日光

冬之光辉

1

p.016

制定短、中、长期计划，并加以实践

在前往北海道之前，我做了周密的计划。这幅美景是在第一天遇到的场景。行车途中，看到河上水雾弥漫。正准备下车的时候，见到了漫天飞舞的冰针。专门选择低温天气外出拍照的目的就在于此。

【摄影参数】APS-C画幅相机　24-120mm变焦镜头（32mm/35mm等效焦距为48mm）　光圈优先AE模式（F5.6 · 1/2500秒）　ISO200　WB：日光

千姿百态

46
p.066

剪裁后的图片如果缺乏平衡感，就会给人以呆板印象

雨后，荷叶上聚集了形状不一的小水洼和小水滴。由于荷叶的形状各异，停留其上的雨水形状也千差万别。为了传达出这种趣味，刻意抛开其他要素，从而营造出富有紧张感的画面。

【摄影参数】全画幅相机　24-70mm变焦镜头（70mm）　光圈优先AE模式（F11·1/160秒）　ISO400　WB：日光

银装素裹

8
p.023

掌握目的地次日的天气、气温及风速情况

自有记录以来，东京地区首次出现积雪的一天。在前一天通过天气预报得知次日将要下雪的消息，在出发日去了满山遍布红叶的河谷，拍下了白雪与红叶相互映衬的完美画面。这让我再次意识到了提前调查出发日天气的重要性。

【摄影参数】4/3画幅相机　12-100mm变焦镜头（44mm/35mm等效焦距为88mm）　光圈优先AE模式（F5.6 · 1/20秒）　曝光补偿+0.3EV　ISO800　WB：日光

雾中新绿

43
p.060

灵活运用被摄对象的朝向和线条，赋予图片自然气息

特意让浓雾浸润的新绿和光秃秃的树干形成鲜明的对比，以此来表现新绿的生命力。为了让照片留有余韵，考虑到作为被摄主体的新绿和背景中树枝的朝向，刻意在图片右侧留下了大片空白。

【摄影参数】全画幅相机　70-200mm变焦镜头（122mm）　光圈优先AE模式（F2.8・1/320秒）曝光补偿+2.0EV　ISO200　WB：日光

某处海边的逗留

59

p.090

灵活运用长焦镜头的取景、虚化、以及空间压缩效果

在前往伊豆途中经过一处海岸，像往常一样等待夕阳美景的时候，看到了一只海鸥，于是拿出长焦镜头完成取景及拍照。只有长焦镜头才具备的空间压缩和虚化效果为这幅图像的完成发挥了不小的作用。

【摄影参数】全画幅相机　80-400mm变焦镜头（380mm）　手动模式（F11 · 1/1000秒）　自动ISO（ISO1100）　WB：日光

准备篇

Chapter. 01

1 制定短、中、长期计划并加以实践

首先应该做的是制定摄影计划。摄影计划又分为周计划、一年的计划、数年的计划。首先是长期计划。

所谓的长期计划就是设立一个远大目标。例如，获得前田真三奖或者木村伊兵卫摄影大奖，抑或是举办个人以及团体的摄影展。花一年甚至数年时间，向着自己的目标不断地摸索前进。其次是中期计划。进行风光摄影之前，摄影计划要根据每个季节的特点来制定。今年是去观赏某个地区的樱花，还是只赏一本樱而游全国，诸如此类就是长期计划中的中期计划。所谓的短期计划，就是根据樱花前线来决定目的地，行动时长达一至两周的情况。设定一个远大目标并为了实现它，按照短、中、长期来制定摄影计划。

长期计划是以几年后的摄影展或摄影大奖为目标。为了实现这一目标，需要将长期计划扎扎实实地落实到中、短期计划上。即便如此，因为被摄对象是大自然，所以在实际操作中难免会有意外情况发生。那时，需要瞄准长远目标，重新审视和调整中、短期计划。

【摄影参数】全画幅相机　24-70mm变焦镜头（24mm）　光圈优先AE模式（F11・1/40秒）ISO100　WB：日光

Check!

- 长期计划是以摄影展和摄影大赛为目标。
- 中期计划按春夏秋冬来制定。
- 短期计划的行动时长为1~2周左右。

2 制定一天的行动计划，提高摄影效率

大家有考虑过拍照效率这件事情吗？作为职业摄影师，在日常生活中会尽可能地考虑到拍照效率再采取行动。为了做到这一点，最好是做好一整天的行程规划。

例如前往A地和B地拍照之前，将AB两地之间将要经过的某些地点列入行程规划，这样就可以发现更多的被摄对象。

还有，在清晨和傍晚，富于变化的太阳光光线转瞬即逝，因此要尽可能地高效移动。如果不事先决定好走哪条线路，甚至可能错过晨光。

如果能在拍摄地之间高效移动的话，就可以多拍几个镜头，增加照片种类。还能节省经费，减少毫无价值的移动。再夸张一点讲，也算是扩大了移动范围。

1天亮前，在山顶等待朝阳。***2***为了一睹晨霭，在六点的时候往湖沼走去……实际上，这些都是有计划的行动。其价值在于：从早到晚都可以高效地移动。为了高效利用有限的时间，建议大家提前制定行动计划。

【摄影参数】

1 4/3画幅相机 12-100mm变焦镜头（21mm/35mm等效焦距为42mm） 光圈优先AE模式（F8 · 1/200秒） ISO200 WB：日光

2 4/3画幅相机 12-100mm变焦镜头（41mm/35mm等效焦距为82mm） 光圈优先AE模式（F8 · 1/250秒） 曝光补偿-0.3EV ISO200 WB：日光

Check!

- ▶ 按照早、中、晚制定行动计划。
- ▶ 在每条线路上寻找是否有其他的拍摄地。
- ▶ 从早到晚制定周密计划。

1

2

3 利用应用软件预测日出日落方位!

常去的拍摄地自不必说，如果是初次到访之地，要确定日出日落的方位，就没有那么简单了。尤其是，就拍摄日出而言，首先应确定太阳升起的方位再进行拍照。

如果事先确定了日出的方位，就能够预先取景，为拍照争取更多时间。如果你带着智能手机，可以下载一款很好用的应用软件。启动软件，将镜头对准被摄对象，即可知道太阳的位置。因为可以大致预测太阳出现的位置，所以即便是在初次到访之地，也能镇定自若地拍照。

还有，如果使用一款能直接在地图上显示日出日落方位的应用软件，那么在家中或者出发前，就能提前做出判断。相较于随便瞎转，要靠谱得多。

手机上有一款很方便的应用软件，叫做“太阳测量师”。将镜头对准被摄对象，就可以正确判断出太阳的位置。在深山溪谷或者有瀑布的地方，难以确定太阳的位置时，建议用智能手机来确定其位置。

【摄影参数】全画幅相机　24-70mm变焦镜头（24mm）　光圈优先AE模式（F11・1/2秒）　曝光补偿-0.7EV ISO100　WB：日光

Check!

- 利用应用软件推断日出日落方位。
- 在拍照现场，“太阳测量师”这款软件很方便。
- 使用“日出日落地图”这款应用软件可以在地图上确定日出日落方位。

4 不要被已制定计划所束缚！

在前面，我已经强调过制定计划的重要性。但是，在拍摄现场随机应变也是相当重要的。例如，在行走过程中，抑或是在林间行车途中，看到太阳光线穿透云气的景象时，一定要停下来拍照。

在休息时，仔细浏览Facebook或者博客上的内容，有时可以获取拍摄地周边的樱花盛放资讯。通过在当地遇到的同行，也可以了解拍摄地的信息。如果一味地按照计划行事，那么很可能错过难得一遇的拍摄镜头。

乘坐火车或者大巴前往拍摄地的话，则另当别论。如果是自己开车外出摄影，那么应当尤其注意随机应变的重要性。好风景一生难得一遇。只有时刻牢记随机应变，才不会让好时机从眼前逃脱。

Check!

- 巧用信息，有时候计划外的行动也很重要。
- 珍惜难得一遇的镜头。
- 如果被已制定的计划所束缚，可能会错过最佳拍摄镜头。

1

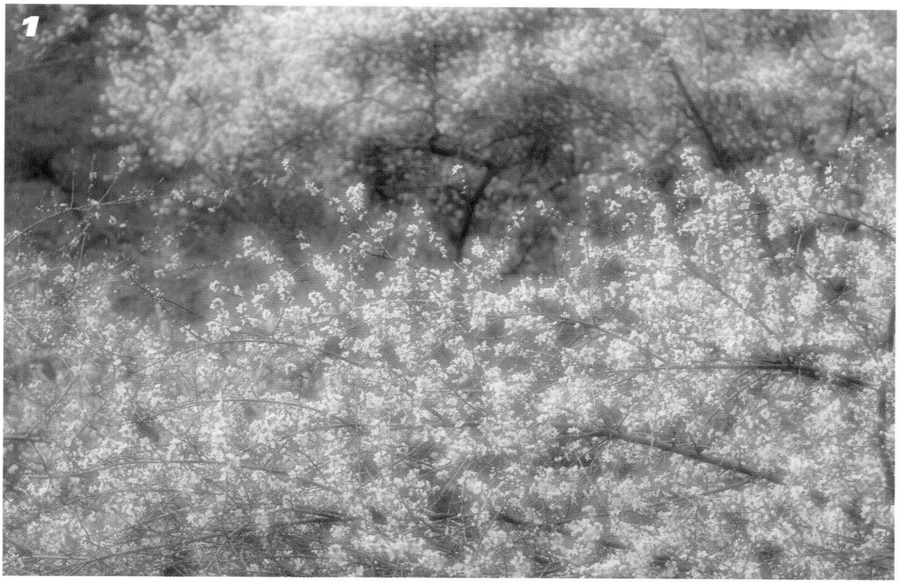

2

1是外出拍摄樱花时，朋友告诉我的拍摄地点。2是移动中所看到的场景。虽然这两幅图画都在计划之外，但是我把握住了机会，在合适的时机拍了下来。如果一味地拘泥于摄影计划，那么就无法成为一名优秀的摄影师。

【摄影参数】

1：APS—C画幅相机　70—200mm变焦镜头（100mm/35mm等效焦距为150mm）　手动模式（F2.8 · 1/200秒）　ISO100　WB：日光

2：全画幅相机　70—200mm变焦镜头（110mm）　光圈优先AE模式（F11 · 1/40秒）　ISO200 WB：日光

5 在乡镇农村以及旅游协会的官网上寻找最新图片

如何获取拍摄地的最新信息呢？由于樱花、北萱草、龙爪花等花期较短，所以要好好把握外出摄影的时机。由于从摄影杂志等上面看到的内容未必是最新信息，所以自己要提前决定好出发时间。

首先，要在乡镇农村以及旅游协会的官网上查找信息。例如，一到赏樱季节，山梨县久远寺的软条樱花或者福岛县的泷樱等的盛放资讯就会每日更新，便于我们选择出行时间。据此，对周边地区相同海拔的樱花盛放状况也能有大致的了解。

值得一提的是，在周末，如果某地有重大活动，估计会有大量游客聚集此处。并且，相关方面会在官网上发布最新的信息。建议大家去相应的官方网站，查看是否刊载了最新的照片。

Check!

- 浏览拍摄地所在的乡镇农村的官网。
- 查找最新信息。
- 留意“周末观赏期”。

提前了解当地的樱花盛放资讯，就能以最佳状态进行拍摄。建议到网页信息及时更新的网站上检索信息。如果设置了网络相机功能，一旦有最新照片刊登在网页上，就变得更容易检索了。

【摄影参数】全画幅相机　70-200mm变焦镜头（85mm）　光圈优先AE模式（F11 · 1/125秒）　自动ISO（ISO250）　WB：日光

6 巧用好友Facebook账户的最新动态*

这是看了朋友饭田夫妇的Facebook动态以后，到访的乘鞍。他们的Facebook频繁更新，颇具人气。在前往长野地区之前，为了了解摄影最佳时机，借用了他们的信息。在使用别人的信息之后，不要忘了表示谢意。

【摄影参数】全画幅相机　70-200mm变焦镜头（112mm）　光圈优先AE模式（F8 · 1/200秒）　ISO100　WB：日光

大家使用Facebook吗？Facebook是一个大型的社交网络服务网站，在全世界拥有大量用户。对于爱好摄影的人而言，Facebook既是发布个人作品的场所，也是与同行进行交流的天地。

友人新发布的照片或者信息可以在动态栏进行显示，因而有时也可以及时获取。每张图片或者每条信息都是摄影师亲临现场、随机应变而获得的成果。很多情况下，比乡镇和农村官网上给出的信息都还要及时准确。如果你在动态显示栏中，看到有关预定拍摄地点的信息，一定要好好利用。

还有，在使用别人的信息之后，不要忘了留下评论。也不能只获取别人的消息，还要积极告知自己拍照时现场周边的相关情况。一是可以将其当作写日记，二是可以获取别人的反馈和新信息。建议大家好好利用。

Check!

- 朋友的Facebook是重要的信息渠道。
- 多添加一些Facebook好友，以获取信息。
- 学会与人共享信息。

*注：对于国内读者而言，可将新浪微博等作为facebook的同类网站进行相关操作。

7 有效利用摄影师的Facebook信息

使用Facebook的摄影师不在少数。在这之前，大多数人都是使用个人网站或者博客发布信息。但是出于方便的考虑，越来越多的人开始选择Facebook。其中，很多风光摄影师会在Facebook上发布当季的摄影信息。在Facebook上，有的摄影师会发布已到访的拍摄地的信息，有的常驻某地的摄影师还会及时发布当地的最新资讯。摄影师的Facebook是非常重要的信息渠道。

在他们的Facebook上，最新的摄影资讯自不必说，摄影展或者研讨会等相关信息也时有公布。去参加这些活动，或许还可以与摄影师面对面交流，获取信息。

添加喜欢的摄影师为好友并持续关注，主动加深交流，有效利用好得到的信息。

以上是我们各自使用的Facebook账户。虽然仍然有人在使用个人网站，但是越来越多的人选择通过Facebook来获取最新资讯。拍摄地的现场情况自不必说，动态里所介绍的摄影展或者杂志等也值得好好参考。

Check!

- 风光摄影师要找准最佳时机。
- 添加facebook好友并关注，添加至动态栏予以显示。
- 参加摄影展，直接获取资讯。

8 掌握出行当日拍摄地的天气、气温及风速情况

预先查看天气预报，更容易制定行动计划。早上一直在别的地方拍照，查阅天气预报以后，发现就近的高原将会下雨。因此趁机前往，拍下了这幅浓雾弥漫的魔幻场景。

【摄影参数】4/3画幅相机　12-40mm变焦镜头（20mm/35mm等效焦距为40mm）　光圈优先AE模式（F8・1/80秒）曝光补偿+0.3日/ISO500　WB：日光

提前查看天气不是很常见的事情吗！在电视上确认不就行了嘛！大家有没有类似的想法呢？但是电视上所播报的天气预报只是预测了一整天的天气而已。可以断言，光收集那样不完整的信息是远远不够的。这里所说的『掌握』是指每隔一小时对天气状况进行调查。

天气预报的准确度越来越高。例如，通过网上的天气预报，可以看到每隔一小时的天气情况。这不是以市为单位的大概天气预报，而是精确到了乡镇和农村的级别。如果能掌握每隔一小时的天气状况，就能够提前制定高效的行动计划。例如，上午8点到12点，天一直放晴，则可以去寻找美妙的光线。12点以后，天气转为多云，则可以往森林的方向移动。如果计划前往拍摄晚景的地方天气转阴，则可以改变计划，前往天气晴朗的地方，加以应对。

如果和预计的情况不一样，则需要随机应变。

Check!

- 以小时为单位查阅天气。
- 以乡镇农村为单位确认天气状况。
- 灵活利用手机和电脑。

9 即便天气预报播报为晴天，也要做好下雨的准备

准确掌握拍摄地的天气状况。即便天气预报播报为晴天，也要做好下雨的对策。特别是夏季，山区天气多变，突然下雨的情况并不少见。

通过电车和公交等交通工具出行自不必说，然而自驾出行也不可掉以轻心。一大早将车放在停车场，然后步行前往拍摄地，下午再返回，有人这样安排行动路线。如果是在山区，则必须留意天气无常的情况。

如果在拍摄地无法轻易驾车返回，那么在摄影的时候，只要察觉到周围的云层有异样，要通过手机应用软件加以确认，并提前制定好对策。

近年来，突如其来的暴雨时有发生。出于安全考虑，根据场合，需要及时做出判断，停止摄影。

雨衣、雨伞、将雨伞固定在三脚架上的雨伞支架、浴帽、用于擦拭相机并且吸水性能较好的棉布，以及用于清洁滤镜的干布等。背包中要常备浴帽。

Check!

- 即便天气预报播报为晴天，也要随身携带雨具。
- 利用“雨天播报”等应用软件获取最新消息。
- 常备浴帽。

10 冬季摄影时，准备好保暖装备！

日本是一个四季分明、风景如画的国家。但是，在银装素裹的冬季进行拍照时，需要多加注意。在冬季，北海道和东北的气温之低是可以想象的事情。在长野县和关东北部地区，气温有时候也会降到零下20℃左右。在这样的天气下，仅凭应付了事的装备，不要说因寒冷而无法拍照，甚至会有冻伤的可能。特别是住在东京都市中心的人们，尤其应当注意住所与拍摄地的温差。

用于移动的装备也必不可少。在初雪堆积的地方，积雪厚度可到人的腰部。几人一起行动暂且不说，如果是一人独自行动，则可能碰到危及性命的突发事件。

在冬季摄影时，有必要在车内准备好万全的装备，并且根据需要准备衣物。不要意气用事，在确保安全的情况下，享受摄影。

Check!

- 注意山地与平原的温差。
- 多带一些衣物，学会临场应对。
- 根据需要，备好退路。

下图是在气温极低的时候，到访一处溪流，拍下的冰柱的照片。前往这种地方之前，需要做好万全的准备。防寒内衣、衬衫、外套、裤子、厚手套、帽子、靴子、雪地靴等必不可少。还得根据需要，提前规划回程线路。

【摄影参数】中画幅相机　33-55mm变焦镜头（33mm/35mm等效焦距为25mm）　光圈优先AE模式（F16 · 1/30秒）　曝光补偿-0.3EV　ISO200　WB：日光

11 根据拍摄地条件准备饮食

好不容易外出摄影，应该品尝一下当地的特色美食。即便有这样的想法，也未尝不可。我完全没有剥夺他人爱好的打算。但是，如果事先不对拍摄地进行调查，那么可能有饿肚子的风险，有必要引起高度重视。

少吃一顿饭，或许没有到生死攸关的地步。但是，因此引起的血糖下降，可能会造成注意力不集中以及干劲不足等后果。

自带便当也好，在便利店购买食物也罢。但是，需要注意一点：现在24小时营业的便利店到处都是，但是在夜间遇到不营业的店铺，或者下高速之后，在前往目的地的途中看不到一家商店的情况也是有的。

人是铁，饭是钢，需要根据当地情况做好万全准备。

Check!

- 如果是初次前往拍摄地，不要忘了准备食物。
- 充分准备好行程中必需的食品和水。
- 虽说便利店24h营业，但要以防万一。

下图是步行三小时到达的瀑布。要想赶到这里，准备食物必不可少。在行车途中路经一处便利店，前往购买了午餐以及行程中必需的食物和饮用水。

【摄影参数】APS-C画幅相机　10-24mm变焦镜头（15mm/35mm等效焦距为22mm）　手动模式（F11 · 1/2秒）　ISO100　WB：日光

12 首先确定卫生间位置

如果说有什么当务之急，上厕所便是其中之一。对于经常去的拍摄地点，想必大家都知道卫生间的位置。如果是初次到访的摄影地，经常会找不到卫生间的位置。在行车途中，加油站自不必说，在高速公路服务区、便利店、商业建筑、车站等地方都可以找到卫生间。还有，有的汽车配有车载导航系统，上面可以显示沿途卫生间的位置信息。检索起来非常方便，应加以好好利用。

另外，如果是经常利用公交车或者轻轨外出摄影的人，建议使用手机进行检索。在一些地区，通过手机的应用软件或者网页来检索卫生间或者便利店的位置信息，有时会意外地发现卫生间近在咫尺。

总之，就是希望你在追悔莫及之前，能够提前确定卫生间的位置。

Check!

- 未雨绸缪，首先确定卫生间的位置。
- 导航系统让定位变得更简单。
- 如果没有车载导航系统，也可以使用应用软件或者网页进行检索。

首先，高速公路服务区（**1**、**2**）。肯定会有卫生间。另外，在车载导航系统的路标及途径地点设置中（**3**、**4**），有“卫生间”选项。如果提前进行设置，就能够很方便地确定卫生间的位置。还有，在冬季或者某些时段，卫生间无法使用的情况也有，需要特别留意。

1

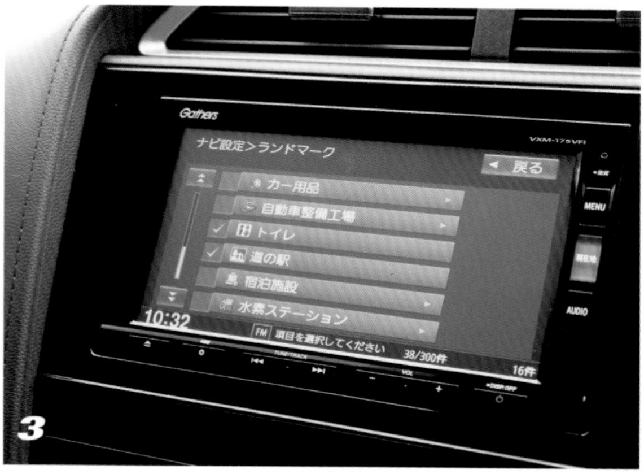

3

2

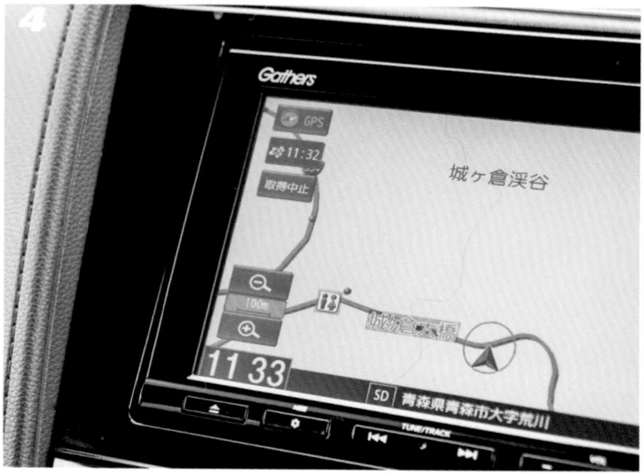

4

13 切忌自以为是，要在车内准备应急食品

众所周知，风光摄影是以大自然为对象。因此，对于意想不到的突发情况，要学会做好心理准备。

例如，在冬季外出摄影的时候，有时候会遭遇大雪天气。此前，轻井泽周边一旦下雪，大型车辆很容易打滑，从而导致道路堵塞。原本畅通无阻的山道开始堵车，致使车辆完全无法移动。这样的情况经常发生。

在夏天的时候，经常去寻访瀑布和大山。偶尔会遇到因瓢泼大雨造成道路塌方，无法返回的情况。另外，再拿最近的例子来说。我有一次想在拍摄地买些食物，但就是找不到一家店铺。

总之，近年来天气多变。出于保护自己的目的，强烈建议大家提前备好应急食品。坚决不要自以为是。

Check!

- ▶ 在车上准备好应急食物，以备不时之需。
- ▶ 选择果冻或者饮料等能长期保存的食品。
- ▶ 如果食品过了保质期，要及时更换。

在青森县的田代平拍完这张照片之后，突然下起了暴风雪，完全无法再继续行动。虽然这没有什么大不了，但是为了应对紧急情况，提前在车内准备好干面包、罐头、便携式包装食品、果冻饮料等在常温下可以长期保存的食物比较好。

【摄影参数】全画幅相机　24-70mm变焦镜头（38mm）　光圈优先AE模式（F5.6 · 1/250秒）　曝光补偿 -1.0EV　ISO100　WB：日光

14 推荐携带能记录移动轨迹的GPS记录仪

如果是经常去的拍摄地点或者有名的景点，后面要想再去的话就简单多了。如果是曾经有过一面之缘而拍下照片的地方，几年后想再次前往，却怎么也想不起具体位置。曾经在地图上所做的标记也因为地图的常年使用，而变得模糊不清。这时候，就是GPS记录仪大显身手的时候了。

GPS记录仪是从GPS卫星上接收电波，记录当前位置，获取移动路径的装置。GPS记录仪获得的数据通过浏览器等应用软件，在地图上表示出移动轨迹，再匹配以图像，将位置信息在图像上进行标注。

不仅是单个的GPS记录仪产品，一部分便携式数码相机或者智能手机的应用软件也带有GPS记录仪的功能。通过这些手段获得的移动轨迹将成为有效信息，应当加以好好利用。

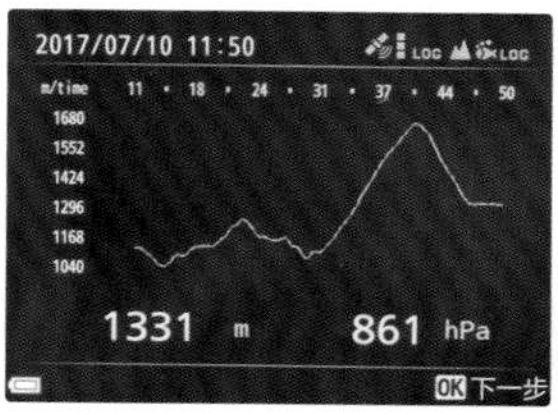

能够记录GPS卫星提供的位置信息的袖珍相机—NikonW300。提前打开GPS信息获取开关，就能持续记录移动轨迹。位置信息不仅包含高度信息，还能显示具体数值。

Check!

- ▶ 用GPS记录仪记录正确的位置信息。
- ▶ 手机的应用软件或者数码相机也有GPS功能。
- ▶ 灵活运用标注在图像上面的位置信息。

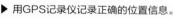

15 不要忘了检查电池及存储卡！

如果是大型相机，即便不用电池，也能进行拍照。单镜头反光相机也能通过机械快门进行强制拍照。但是，当下时代是属于数码相机的时代。如果不给电池充电，数码相机只不过是无用的盒子而已。有些人过于讲究电池的耐用性，以至于电池的电量不用光就绝不会去充电。如果在拍摄地因为电量不足，而无法拍照的话，那就是一个大问题了。

存储卡也是一样。特别是近年来，用5000万高像素相机在RAW格式下拍照，照片所占存储容量越来越大。为了避免无法拍照的情况，请提前准备好大容量的存储卡。

到了拍摄地再检查的话为时已晚。建议大家在前往拍摄地之前，好好检查电池及存储卡。

Check!

- 电池要随时充满电。
- 充电完成后，不要忘了复原相机。
- 要确保存储卡容量充足。

对数码相机而言，电源是很重要的。主电池自不必说，预备电池的电量也必须提前检查。还有，检查是否将存储卡插入相机机身、是否有备用存储卡等。

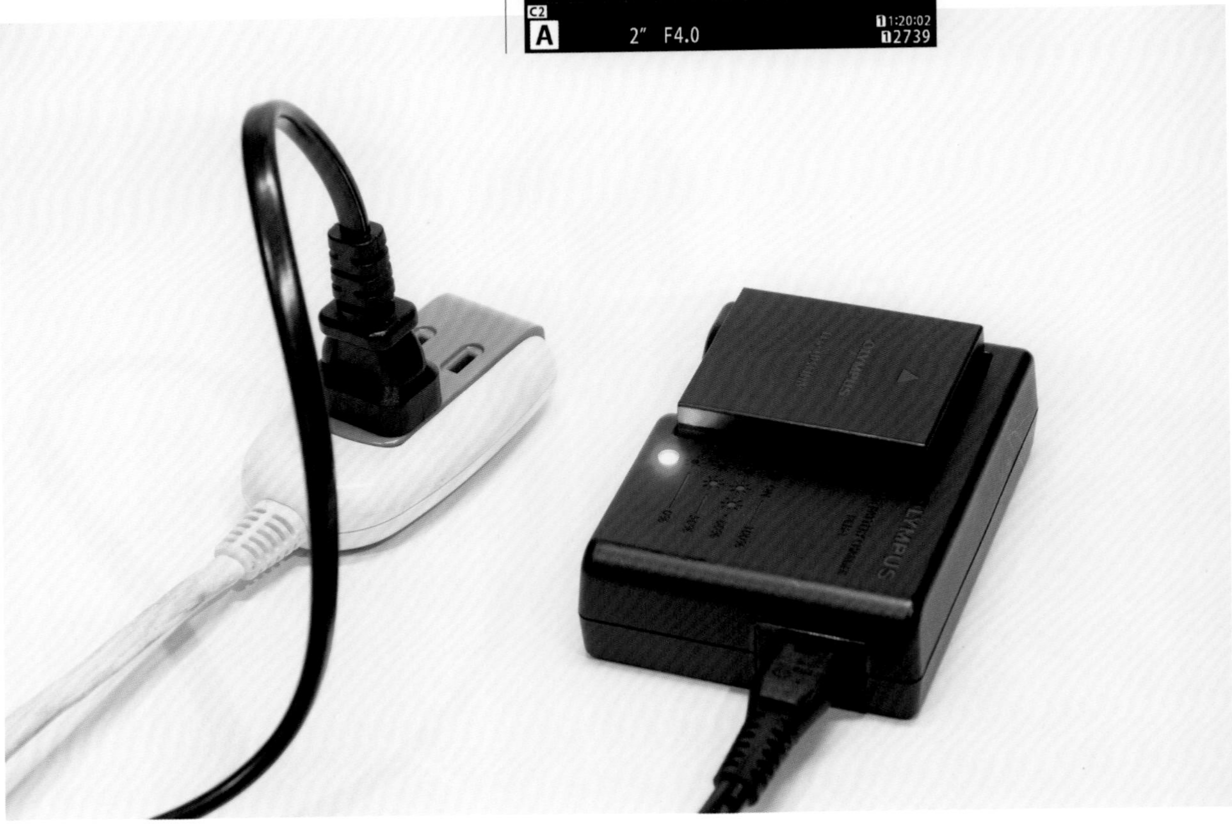

16 逐一列出摄影器材，以检查表的方式加以确认

糟了，忘了无线定时快门线！大家有过类似的经历吗？将电子防潮箱里的摄影器材换装到背包里，抑或是根据摄影日程需要更换背包时，可能会落下某个机器或者配件。

如果是忘记拿无线定时快门线一类的东西，还可以通过自拍装置加以弥补。但是如果是忘记了备用电池或者备用存储卡，那可就是大事一桩了，有可能造成完全无法拍照的后果。毋庸置疑，如果缺少配件，拍照体验会大打折扣。没有滤镜，就很难实现图像的特殊效果。

因此，要给日常用到的机器或者配件列一个清单，提前做一个检查表。在出发的前一晚逐一检查，才不会在摄影现场手忙脚乱。

检查表　　☑ 检查项目

月　　日

- ☐ 电池充电
- ☐ 电池安装
- ☐ 携带备用电池
- ☐ 复制摄影数据
- ☐ 存储卡初始化
- ☐ 存储卡安装
- ☐ 携带备用存储卡

- ☐ 相机
- ☐ 广角变焦（14-24mm）
- ☐ 标准变焦（24-70mm）
- ☐ 远摄变焦（70-200mm）
- ☐ 微距变焦

- ☐ 三脚支架
- ☐ 自拍快门装置
- ☐ 滤镜
- ☐ 手电筒
- ☐ 吹风机
- ☐ 工具类

- ☐ 雨衣
- ☐ 雨伞
- ☐ 杀虫喷雾·止痒药
- ☐ 防熊铃铛
- ☐ 毛巾
- ☐ 野餐垫
- ☐ 急救套装
- ☐ 工作手套
- ☐ 绳子
- ☐ 浴帽

- ☐ 冰爪防滑鞋
- ☐ 手套
- ☐ 帽子
- ☐ 长筒靴

- ☐ 是否忘记还原设置

这是检查表的一个样本。你可以复制我这张表，也可以根据自己的需要添加一些内容。无线定时快门线、滤镜、雨具、手电筒这些随身物品容易忘带，需要注意。建议大家像这样列出清单加以检查。

Check!

- ▶ 把东西换装到另外的背包时，需多加留意。
- ▶ 容易忘记携带配件。
- ▶ 做成清单加以核查。

17 天气转阴时，往溪流或者森林方向移动

对天气预报充满信心，特意选择在晴天的时候出门。但是，外出拍摄不久，天空突然阴沉下来。令人感到头疼的是，接下来就无法进行远景拍摄了。在这种时候该怎么做呢？不要犹豫，果断前往有溪流或森林的地方。

当然，特意在晴天，选择前往溪流或森林处拍照的例子也有。光线摄影自不必说，弱光拍照在晴天进行也更有利。然而，穿透乌云的散射光更具有利用价值，它能让溪流或者森林成为很好的被摄对象。

如果被摄对象所处的环境光线过于强烈，或者阴影部分过暗，那么图像很有可能变成全白或者全黑。在拍摄大范围的风景照时，就会给人留下杂乱无章的印象。但是，如果好好利用散射光，流水中间的高光部分到黑色岩石表面的阴影部分，都可以在图像中得到很好的表现。给人一种光线遍布恰到好处，环境恬静闲适的感觉。

Check!

- 阴天没有强光时，不要放弃。
- 瀑布或者溪流也是能够映出乌云的被摄对象。
- 不必担心过曝所引起的全黑或者全白现象。

利用溪流或森林处的散射光表现局部细节。光线过强，阴影部分过暗，都会影响图像的质感。如果是散射光，就可以给人以安静闲适的感觉。如果天气转阴，请果断赶往有森林或者溪流的地方。

【摄影参数】全画幅相机　12-24mm变焦镜头（12mm）　光圈优先AE模式（F16 · 1/2秒）　曝光补偿-0.3EV　ISO100　WB：日光

18 天气放晴时，往高处移动，以晚霞或者其他壮丽风景为目标

阴云密布的天空也有渐渐放晴，晴空万里的时候。那时，为了取得更好的拍摄效果，记得往高处移动。

天气晴朗时，在高处可以远眺雄伟壮观的景致。与此相对，在阴天，由于可视性较差，风景拍摄受到一定限制，拍摄到的天空甚至可能变为全白。为了防止这种情况的发生，可以避开天空取景。但是，这也会让图片缺乏磅礴气势、显得死板小气。

天气晴朗的时候，可视性较好，雄伟壮观的景致易于拍摄。再加上适量的云彩，天空看起来也要生动许多。在傍晚时分，还可以拍到云彩被橙色晚霞浸染的美丽画面。

只要拍摄地的条件允许，我们就应该试着往高处走，拍摄高处的风景。

Check!

- 天气状况变好时，试着往高处移动。
- 抓住能拍出壮观景致的机会。
- 适量的云彩可以衬托出生动的晚景。

阴云密布的天空逐渐放晴。因此果断地往高处移动，结果遇到了美丽的晚景。如果没有半点云彩，拍出的照片会显得平淡无奇。在天气由阴到晴的节点上拍下了这幅场景。

【摄影参数】4/3画幅相机　12-100mm变焦镜头（80mm/35mm等效焦距为160mm）　光圈优先AE模式（F5.6 · 1/80秒）　曝光补偿+0.3EV　ISO800　WB：日光

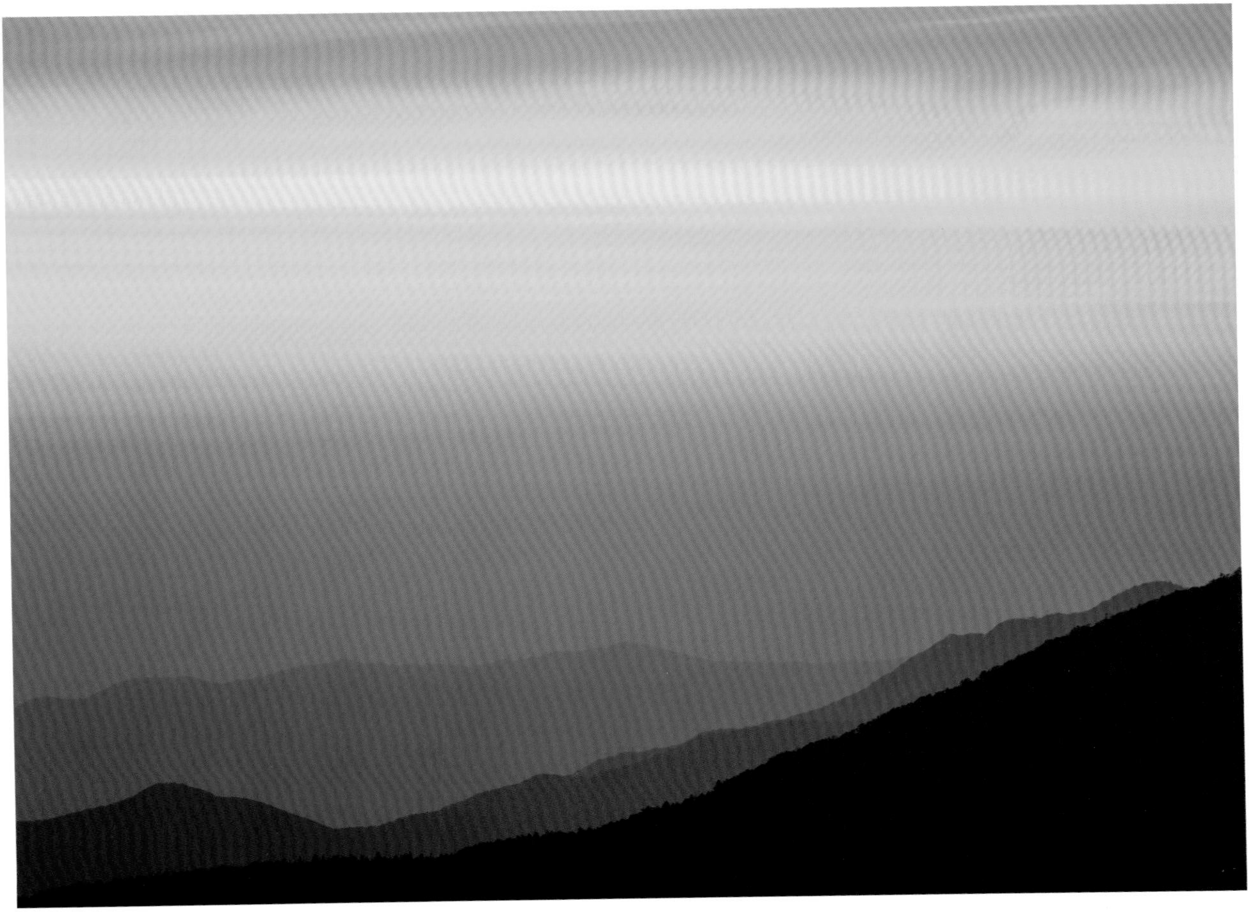

19 在现场要随机应变，做出判断

即便是制定了周密的计划，前往拍摄地，也可能会遇到樱花尚未完全盛放或者红叶还未遍布山野的突发情况。还有，实际到访拍摄地以后才发现，在顺光环境下，光线过于强烈，无法表现出景物的立体感。除此之外，还有天气预报不准等情况时有发生。碰到这些情况，建议大家要随机应变，采取行动。

不断调整自己所处的拍摄位置，选择最佳地点观赏樱花或者红叶。如果错过了红叶，那么可以将目标转移到晚秋风光上面。如果拍摄地的光线状况不好，那么可以调整拍摄时间，先去寻找其他被摄对象，然后再回头进行拍摄。如果天气预报播报不准，那么建议大家重新寻找适合当前光线的被摄对象。

不管如何，自然风光总是变幻无常的，需要我们随机应变，采取行动。

Check!

- 根据季节差异，往不同海拔的拍摄地移动。
- 随机应变转换目标及视角。
- 如果天气状况发生变化，则要寻找合适的被摄对象。

天气状况逐渐恶化，于是更改预定计划，前往白桦林，看到了意境十足的浓雾。在拍摄现场随机应变，也可以收获不小。

【摄影参数】4/3画幅相机　12-40mm变焦镜头（26mm/35mm等效焦距为52mm）　光圈优先AE模式（F2.8 · 1/200秒）ISO200　WB：日光

20 立即行动——珍惜相遇的瞬间

前往目的地的途中，遇到的河雾奇观让人印象深刻，因而停下车进行拍摄。回程途中，河雾已经完全消失，只留下了平庸无奇的场景。美景果真是转瞬即逝啊！

【摄影参数】全画幅相机　70-400mm变焦镜头（100mm）　光圈优先AE模式（F16 · 1秒）　曝光补偿+0.7EV　ISO50　WB：日光

有时，在行车途中会遇到某个出人意料的拍摄场景。在这种时候，想必你会犹豫：是否要采取行动，这是否是一个千载难逢的拍照机会呢？

如果你过于迫切地要赶往预定拍摄地，抱着『返程的时候再来拍』这种心态，有可能让你追悔莫及。事实上，你之所以被遇到的画面所吸引，是与当时的环境条件密切相关的。光线状况、水雾、云气的形态、被摄对象的状态等。那种场景只有在那个独特的时间点才能遇到。

事后再前往同一个地方，当时的环境条件早已发生了变化。『如果那个时候拍的话……』，你大概会这样后悔不已。好风景难得一遇。相同的邂逅瞬间不会再有第二次。

Check!

- 邂逅的瞬间是难得的拍照机会。
- 一旦错过，同样的风景将不在。
- 要有驻足停留的勇气。

21 在有溪流或者瀑布的地方移动时，要整理好装备

在潮湿的岩石上有滑倒的危险。移动距离在十米以上，建议将器材装入背包。因此，要在简单收纳上下功夫。还有，如果要更换镜头，建议在背包上进行。

在有溪流或者瀑布的地方摄影时，经常看到有人将相机挂在脖子上或者扛在肩上。实际上，他们并没有意识到那种行为的危险性。

将机器暴露在外，行动时，会下意识地首先保护机器。因而，在岩石等上面滑倒时，很有可能受伤。不用说，机器撞到岩石，也会受到严重的损伤。为了解放双手，安全行动，建议大家在大范围移动时，暂时把机器装进背包，再进行下一步的行动比较好。当然，如果是几米左右的移动，就不用逐一整理了。因为，那样做反而影响效率。如果是大范围移动的话，建议大家养成逐一整理的习惯。

Check!

- 将机器挂在脖子上是非常危险的行为。
- 如果是摄影位置的轻微调整和移动，不逐一整理器材也无妨。
- 移动距离在十米以上，需要把器材装进背包。

22 为了确保行动安全，使用如下脚上装备！

为了应对野外行动，建议大家准备好脚上装备。穿着商务皮鞋之类的外出摄影，这是非常荒谬的事情。建议大家穿登山鞋或者运动鞋前往。

为了确保行动安全，要准备好适合野外环境的脚上装备。下雨天自不必说，在雨后的散步小道或者布满朝露的草原上，长筒鞋也是一大利器。然而需要注意，在夏天摄影的时候，溪流处的岩石非常潮湿且容易打滑，橡胶鞋底的长筒靴可能派不上用场。如果是在冬季，有必要准备防止冻伤的保暖鞋、长筒靴、防滑装备等。与此同时，防雪装备也必不可少。

要买这些东西，不要去相机专卖店，要去经营登山用品或者户外用品的店铺，抑或是渔具商店。如果附近有的话，建议去看一看。

Check!

- 在有瀑布或者溪流的地方，下水裤可以防打滑。
- 在雪地行走时要穿雪鞋。
- 在冰冻场所行走时要穿链条铆钉鞋。

1下水裤，在溪流等处可以防止打滑。2雪鞋，在积雪处也不会因深陷而无法移动。3链条铆钉鞋，在冰冻区域行动时可以确保安全。这些在渔具店或者登山用品店可以买到。

23 强烈推荐RAW格式

关于JPEG图片的各项参数，在拍照时就已经被确定。这样一来，后期处理就会变得非常困难，动辄影响图片质量。而RAW图片是传感器所接收到的原始数据。虽然后期需要转换软件进行处理，但是在随意更改白平衡或者其他参数时，不会损伤原图的画质。还有，一定程度的曝光补偿也成为可能。在将来，一旦采用新算法的优化影像设置登场，RAW格式的图片，就可以凭借这种设置重新焕发活力。

在拍摄现场拍摄JPEG图片时，如果有调整各项参数的功夫，还不如拍成RAW图像，在后期进行处理，这样还能增加构图的多样性。在这一点上，RAW格式具有压倒性的优势。

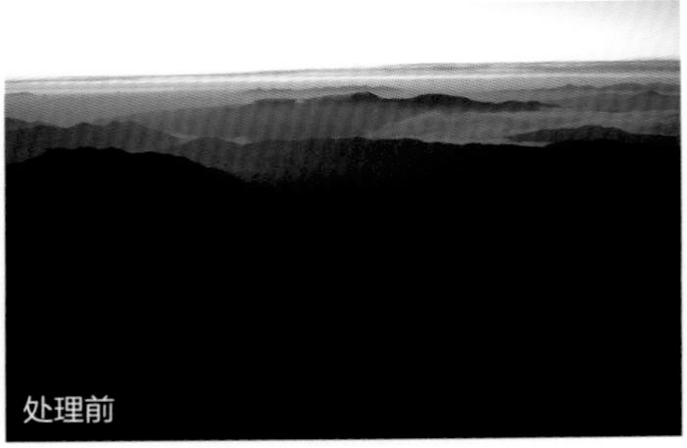

这是调整RAW文件的亮度后完成的照片。相较于使用中灰镜拍出的图像，它显得更加自然。RAW文件后期无法调整的是散景数量、快门速度变化所引起的被摄对象抖动量、使用偏光镜的被摄对象表面的反射光的消除等。

【摄影参数】APS-C画幅相机　18-55mm变焦镜头（18mm/35mm等效焦距为27mm　光圈优先AE模式（F8 · 1/2秒）　曝光补偿-2.3EV　ISO200　WB：自动

Check!

- JPEG图片在后期处理时，会伴有画质损伤。
- RAW格式下的白平衡等要素易于调整。
- 不要在设置上大费周章，在RAW格式下取景。

24 设置白平衡时，建议选择『日光』模式

自动白平衡调节是一个非常方便的功能。无论是何种光源，我们都可以通过这个功能把被摄对象的色彩调整到理想状态。不管是在室内，还是在室外，都非常有效。但是，就风光摄影而言，这种功能有一定的局限性。

我们在欣赏风景时，向阳处和背阴处的同一风景的色彩是不一样的。大家有注意过这样的情况吗？实际上，在人眼看来，背阴处的被摄对象偏蓝。假如那种蓝色消失的话，毫无疑问，我们就很难感受到阴暗的色调。

在雨天或者阴天，上午或者下午，以上情况同样适用。通过这种微弱的色差，我们可以感受到画面的立体感。

为了表现出那种微弱的色差，在使用白平衡时，建议选择日光模式。这样一来，我们可以捕捉到因光线状况不同而引起的色彩的微妙变化。

日光模式

自动白平衡

在背阴处拍照时，如果选择自动白平衡模式，虽然可以呈现出被摄对象原有的色彩，但是却感受不到那种背阴处独有的，带有蓝色色调的立体感。但是，如果选择日光模式，大概就能明白背阴处才有的那种蓝色色调吧。

【共同参数】全画幅相机 70-200mm变焦镜头（105mm） 光圈优先AE模式（F11 · 1/80秒） ISO100

Check!

- 对于风光摄影来说，日光是基本要素。
- 自动白平衡无法传达微妙的色彩差异。
- 日光模式可以增强图片的立体感。

25 强烈推荐光圈优先AE模式

Check!

- 专业摄影师都用手动曝光模式——只是假象。
- 光圈值的选择直接关系到图片的感染力。
- 建议利用光圈优先AE模式调整光圈大小。

如果你认为所有的专业摄影师都是用手动曝光模式在拍照的话，那就大错特错了。甚至，有人还会觉得能熟练掌握手动曝光模式是一件很酷的事。如果有类似想法，提前纠正比较好。至少我们俩在拍照的时候，大多数情况下都是采用光圈优先AE模式。

所谓的光圈优先AE模式，是摄影师人为选择光圈大小，再由相机自动选择适合曝光要求的快门速度的一种自动曝光模式。光圈可以控制景深，可以让整个画面变得清晰，又可以让背景变得模糊。为了使风景看起来更富有色彩，光圈的使用必不可少。

强烈推荐使用能自由控制风景表现的光圈优先AE模式。

光圈值是影响照片感染力的一个重要因素。是想虚化图像背景、含蓄表达？还是想贴切表达，阐释细节？可以这样说，光圈值的选择代表了作者的价值观念。

【共同参数】全画幅相机　100mm定焦镜头　光圈优先AE模式　曝光补偿-1.0EV　ISO100　WB：日光

光圈：F2.8

光圈：F16

26 自动感光的优点与缺点

数码相机特有的极其便利的功能之一就是自动感光。在光圈优先AE模式下进行手动拍照时，通过自动感光就能安心拍照。既不用担心被摄对象的亮度，也不用在意快门速度快慢。在这里，我想提的是感光度的上限值。如果将相机设置为最高感光度，那么画面中的噪点会非常明显。一般情况下，将相机的感光度设置为低于最高感光值1—2档的数值比较合适。

接下来要说的是，既设定了自动感光，又使用三脚架进行拍摄的情况。如果是防止被摄对象出现抖动而开启自动感光模式，尚且情有可原。但是，在除此之外的情况下使用自动感光，就需要多加斟酌了。因为，一旦稍不留神，相机的感光度就会自动提高，导致画面出现噪点。

使用三脚架的初衷就是防止相机抖动，所以建议大家在使用三脚架的情况下，可以关闭自动感光，以便提高图像的画质。

Check!

- 在手动拍照时，自动感光方式非常方便。
- 在使用自动感光功能时，要时刻留意感光度。
- 如果用三脚架摄影，建议关闭自动感光。

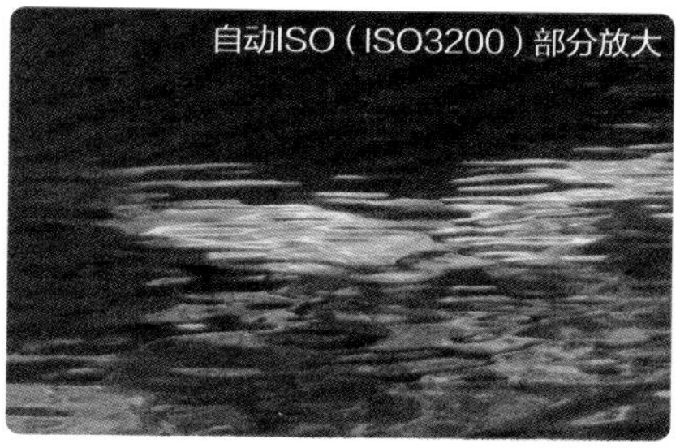

开启自动感光，手动摄影，无意中拍下的一个镜头。感光度超过3200以后，画面中的噪点明显增多。相机的感光度上升之后，我立马有所察觉，因而拍照才得以顺利进行下去。这一点应尤其注意。

【摄影参数】全画幅相机 24-70mm变焦镜头（24mm） 光圈优先AE模式（F11 · 1/60秒） 曝光补偿-1.0EV ISO100 WB：日光

27 通过自定义设置，随机应变进行摄影

1

2

即便是外出进行风光摄影，也未必只是拍摄自然景色。如果碰到野鸟或者其他兽类的时候，也会想要拍一两张照片吧！

但是在拍完自然景色之后，转而对野鸟进行拍摄的时候，大家会逐一更改相机设置吗？有的人在同样的相机设置下，既拍自然景色，又拍动物，并没觉得有什么不妥。这种情况暂且不论。但是有一点是千真万确的，那就是相机设置越符合被摄对象，拍照就越简单，然而，每次都变更设置的话又非常麻烦。所以，在此建议大家提前设置好适合各类被摄对象的自定义模式。

大部分相机都可以设置多个自定义项。例如，在自定义菜单中按照自然景色、野鸟、高清晰度等进行分类。通俗易懂又便于称呼。为了不错过拍照机会，建议大家一定要灵活应用自定义菜单。

在多数情况下，针对自然景色和野鸟等被摄对象的相机设置有所不同。提前设置适合各类被摄对象的参数，在拍摄现场才能牢牢把握机会并快速应对。

【摄影参数】

1. 全画幅相机　80-400mm变焦镜头（185mm）光圈优先AE模式（F8 · 1/125秒）　曝光补偿-0.3EV　ISO100　WB：日光

2. 全画幅相机　80-400mm变焦镜头（400mm）光圈优先AE模式（F5.6 · 1/1000秒）　自动ISO（ISO100）　WB：日光

Check!

- ▶ 提前设置好适合被摄对象的相机参数。
- ▶ 按照移动的被摄对象和自然风光进行分类。
- ▶ 做好分类，便于称呼。

28 让电池更耐用的诀窍

首先给主电池充电，然后带上备用电池，这样就够了。如果这样说的话，我个人觉得有些草率。花几天的时间外出旅游，结果忘记带充电器或者弄丢了备用电池。大家有过类似的经历吗？在这种情况下，有必要尽可能地延长在用电池的使用时间。

电池的电量消耗大多源于背部显示器的使用。除了关闭实时取景模式之外，还可以缩短信息显示时间或者干脆不使用。如果是光学取景，建议大家干脆使用取景器拍摄。不要一直开着相机，不用时要关好电源。还有，不使用Wi—Fi或者GPS功能等。总之，上面所说的做法可能会影响摄影体验，但是在关键时刻还是会派上用场。

Check!

- 关闭实时取景功能。
- 不用相机时，要认真关闭电源。
- 专注于取景器拍摄。

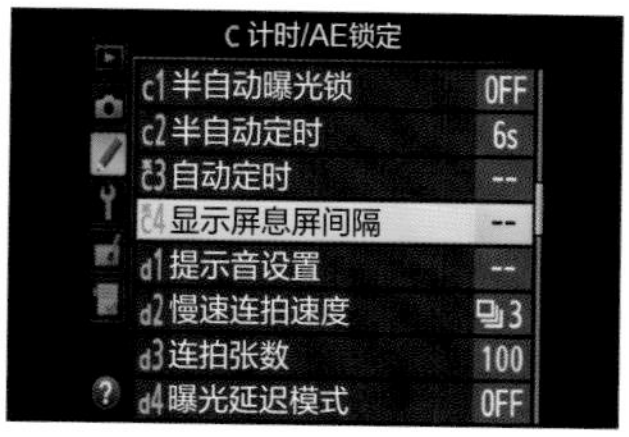

为了让电池更耐用，要做好电量管理。主要进行光学拍照、调整实时取景模式的自动关闭时长，还可以关闭相机自带的GPS功能以及与智能手机的通信功能。

29 将自动对焦框设置到中心点的方法

在自动对焦模式下拍照时，需要将自动对焦框移动到焦点位置再进行拍照。需要改变拍摄对象或者重新取景时，焦点位置也要随之变化。自然而然，就需要将自动对焦框移动到相应的位置。

通常情况下，都需要将焦点放置到画面的被摄对象上。按下自动对焦框中央复位功能按钮，自动对焦框会立马移动到画面中央，为了获得舒适轻松的拍照体验，请务必牢记。

但是，如果自动对焦框位于画面边缘，对其进行大幅度移动，非常花费时间。因此，觉得麻烦的人不在少数。在这种情况下，灵活运用快捷按钮，将自动对焦框移动到画面中央就显得非常方便了。另外，有的相机还带有循环显示自动对焦框的功能。

由于自动对焦框中央复位按钮的位置因相机而有所不同，所以应认真阅读相关说明书，加以确认。如果能高效利用自动对焦框，拍摄压力也会因此减轻许多。

Check!

- ▶ 利用自动对焦框中央复位按钮快速复位。
- ▶ 将自动对焦框置于画面中后，拍照会变得非常方便。
- ▶ 将自动对焦框移到画面侧边时，快捷按钮使用起来也非常方便。

30 及时更新固件

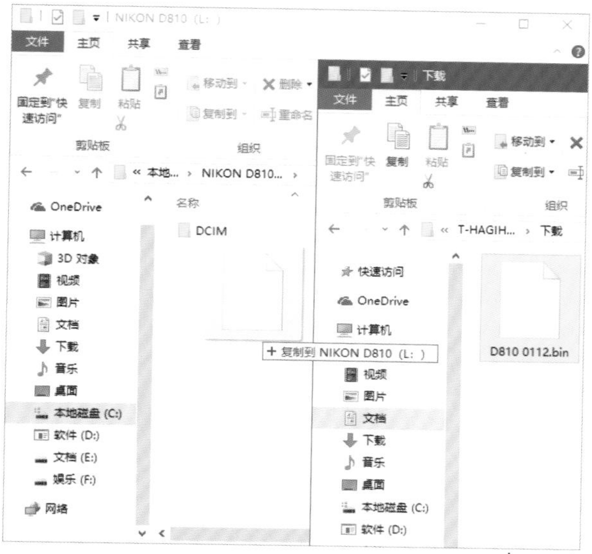

将下载好的数据复制到存储卡。

Check!

- ▶ 在相机端进行固件升级。
- ▶ 确认版本信息之后按下确认键。
- ▶ 确认系统升级后是否为最新版本。

固件选项位于系统设置菜单栏里面。固件是一种相机操作程序，上面有版本信息。

当系统需要强化或者出现漏洞时，我们可以通过固件升级，进行修改或者获得最新的版本。因此，建议大家及时安装最新固件。

将相机带到售后服务中心，由对方提供固件升级服务。如果附近没有售后服务中心，可以使用电脑访问相机制造商的官网下载固件。然后，将下载的数据复制到相机存储卡，再将存储卡插入相机，在相机端进行固件更新。

并且，在固件升级过程中绝对不要切断电源，最坏情况下相机可能无法运行，需特别注意。

在相机端进行固件升级

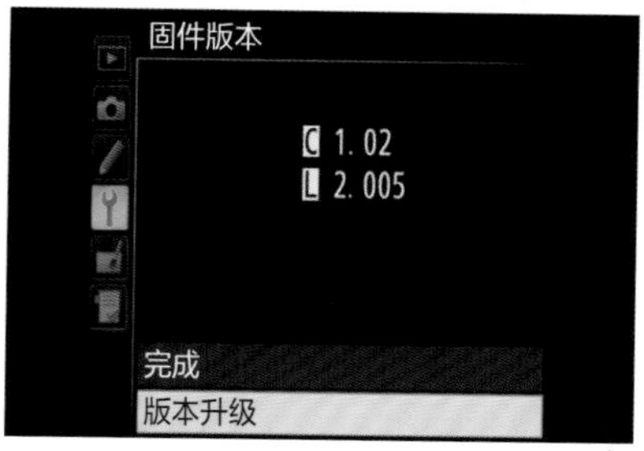

确认版本信息之后按下确认键

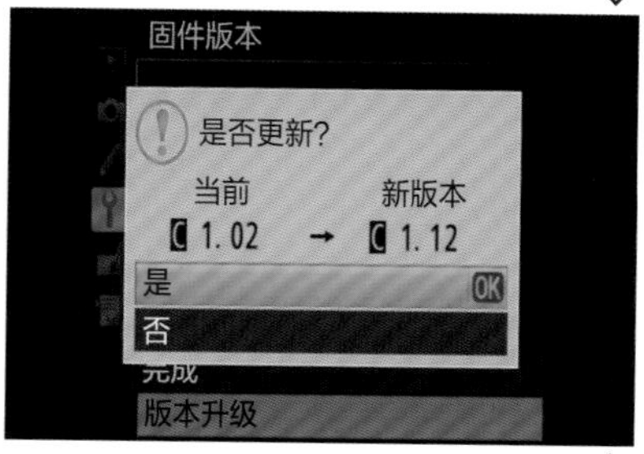

确认系统升级后是否为最新版本

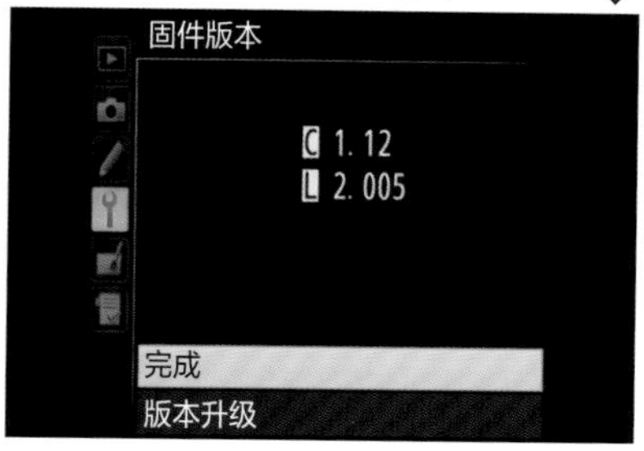

从相机制造商的官网下载数据，将必要的文件复制到存储卡。将存储卡插入相机，进行固件更新。固件更新结束后，记得确认相机系统是否为最新版本。

31 利用个性化设置，巧用相机

拿到相机之后，大家应该不会一直在出厂设置的状态下进行操作吧！如果使用起来毫无拘束感，则另当别论。除此之外，根据自己的喜好变更设置，相机操作会变得更简单。

所有的相机在销售时，均被设置为通用模式，以满足不同的消费人群。但是，就风光摄影而言，这种模式未必合适，也未必符合自己的摄影习惯。

以功能键为例。同一功能键可以有不同的作用。在出厂设置下，如果功能键的默认设置在拍照时派不上用场，实际上就是一种浪费。如果将其重新设置为自己经常用到的功能，无疑会极大地简化相机操作。

总之，多加尝试，打造符合自己摄影习惯的个人相机。

Check!

- 默认设置属于通用模式。
- 根据个人摄影习惯和被摄对象进行设置。
- 对使用频率较低的按键进行个性化设置。

自动对焦

自动对焦

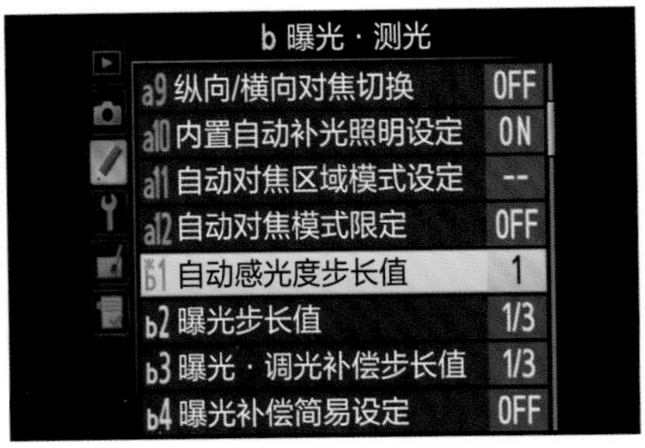

中央按钮设置

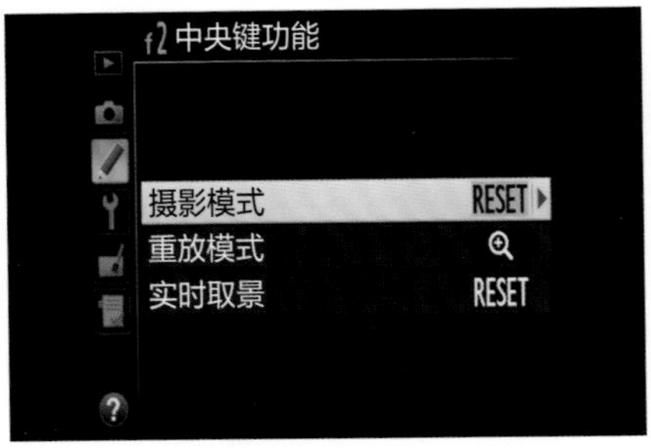

我的菜单

上图是进行个性化设置的一个例子。需要提醒的是，上图仅供参考，具体情况因各人的拍照习惯和相机而异。有的相机还有个人菜单功能，用来显示使用频率较高的设置选项，一定要加以利用。

摄影篇

Chapter.

02

32 传感器尺寸差异带来的优点与缺点

除了袖珍相机之外，主流数码相机的传感器尺寸分为中画幅、全画幅、APS—C画幅、4/3画幅四种类型。其中，尺寸最大的是中画幅，最小的是4/3画幅。

不同的传感器尺寸，有不同的优点与缺点。一般来说，全画幅等大尺寸传感器，能够容纳更多的像素，我们也更加容易拍出背景虚化效果。但是，这样一来，镜头和机身等大型尺寸的器件过多，反而会降低其机动性。与此同时，价格高昂。

与此相对，虽然小尺寸传感器容纳的像素有限，背景效果不易虚化，但是方便进行全焦点摄影，镜头和机身尺寸也相对更小。除此之外，还有价格便宜，便于组装的优点。

只有理解这些内容之后，才能熟练操作，享受摄影。

Check!

- 全画幅相机易于拍出背景虚化效果。
- 4/3画幅相机易于进行全焦点摄影。
- 整套装备的尺寸大小会有所不同。

图1是用全画幅相机拍下的镜头。如果换用大口径镜头，就能看到更好的背景虚化效果。另外，图2是用4/3画幅相机拍摄的场面。即便是使用F5.6左右的光圈，也能进行全焦点摄影。

【摄影参数】

1. 全画幅相机　50mm定焦镜头　光圈优先AE模式（F1.8・1/2秒）　ISO50　WB：日光
2. 4/3画幅相机　12-100mm变焦镜头（15mm/35mm等效焦距为30mm）　光圈优先AE模式（F5.6・1/5秒）　曝光补偿-0.3EV　ISO800　WB：日光

1

2

33 无反光镜相机在更换镜头时，应将主机固定面朝下

一般来讲，替无反光镜相机更换镜头时，要尽可能地如图中所示，将主机固定面朝下再进行操作。还有，风比较大时，建议大家进入车内，关好车窗后，再更换镜头。

Check!

- ▶ 无反光镜相机的一部分传感器会暴露在外。
- ▶ 将相机朝下再更换镜头。
- ▶ 遇到大风时，进入车内再更换镜头。

相较于光学取景器数码相机，无反光镜相机的镜头更换就没有那么轻松了。因为我们替无反光镜相机更换镜头时，它的一部分传感器会暴露在外。

就光学取景器照相机而言，反光镜位于相机内部，快门位于反光镜后部。因为光学传感器安在快门的后方，所以即便是直接更换镜头，灰尘也很难进入传感器。与此相对，无反光镜相机的一部分传感器直接暴露在外，很容易沾染灰尘。因此，为了尽可能地减少灰尘附着，在更换镜头时，最好将主机固定面朝下。

风比较大时，在车中更换镜头更为妥当。另外，由于空气中飘散的花粉不易看清，应多加注意。

34 要想图片拥有柔和的表现力，请选择大口径镜头

虚化图片背景与前景，通过柔和表现技巧，让被摄对象显得更优雅与温和。这是在拍摄花朵时经常用到的方法。但是，由于缺乏相应的镜头，有时也会出现难以表现出预期效果的情况。如果利用手中已有的镜头，做出各种尝试之后，还是无法让图片拥有柔和的表现力，那么建议你换用大口径长焦镜头。

所谓的大口径镜头，指的是拥有较大光圈的镜头。以变焦镜头为例，它的光圈在F2.8这个级别时，才称得上大口径镜头。使用全画幅相机，在70—200mmF2.8的最大光圈下拍照时，焦点前后的散景范围更大，更容易凸显出图片的柔性感染力。

虽然大口径镜头的价格昂贵，但是它拥有风光摄影时，必不可缺的大焦点区域和大光圈。如果预算有限的话，也可以考虑下定焦镜头。

Check!

- ▶ 如果是定焦镜头，大口径镜头的光圈级别为F1.8或者F1.4。
- ▶ 如果是变焦镜头，大口径镜头的光圈级别为F2.8。
- ▶ 要想增强图片表现力，大口径镜头必不可少。

下图是使用大口径定焦镜头拍摄的照片。前景当中的散景自不必说，背景也做了大量虚化。要想让图片拥有柔和的表现力，大口径镜头不可或缺。虽然价格较为昂贵，但还是建议大家购买具有优秀表现力的镜头。

【摄影参数】全画幅相机　135mm定焦镜头　光圈优先AE模式（F2 · 1/400秒）　曝光补偿-0.7EV　ISO200　WB：日光

35 利用增距镜轻松进行超望远拍摄

要是镜头焦距稍微再长一些就能拍到了……我们偶尔会遇到这样的情况。但是，拿着超长焦镜头四处奔走又是很麻烦的事情。在这种情况下，如果有增距镜的话，我们也能享受超望远拍摄的乐趣。

虽然不同的相机制造商情况有所不同，但是主流的增距镜分为两种。一种是将主要镜头的焦距延长为原来的1.4倍，另一种是将主要镜头的焦距延长为原来的2倍。并且，它相较于超长焦镜头，携带更为方便。增距镜既能连接变焦镜头，又具备防抖功能。除此之外，增距镜被安装到相机之后，最短拍摄距离并不会因此发生改变，这也是它的一大优点。

但是，增距镜也有它的缺点。在主要镜头上再安装增距镜的话，画质会大打折扣，图像会变暗。如果主镜头的光圈较小，还会出现自动对焦难以进行的情况。希望大家对这一点有所了解。

使用两倍增距镜

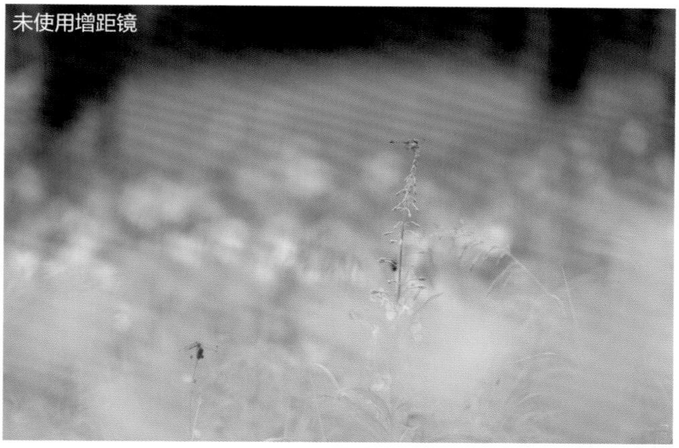
未使用增距镜

发现了停留在柳兰上的蜻蜓，用200mm焦距的镜头拍下了这幅画面，但是拍出的照片并不够大。于是，安装了两倍增距镜，再次进行了拍照。虽然很轻松地达到了远摄效果，但是画质也下降不少。

Check!

- 增距镜有1.4倍、2倍等规格。
- 方便携带。
- 安装增距镜后，图片变暗，画质也会下降。

36 时常留意光圈值、快门速度和ISO感光度！

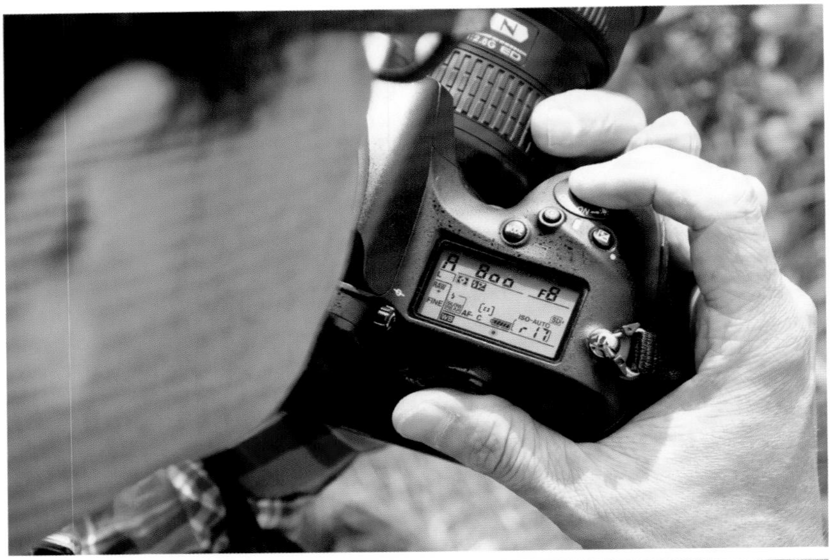

如果是手持相机拍照，那么通过取景器或者相机顶部显示屏可以看到这三项参数。如果是利用三角支架进行摄影，那么相机背面的显示器也方便查看。只要时刻关注各项参数，不管是何种曝光模式，都能实现预期表现效果。

Check!

- 关注光圈值、快门速度和ISO感光度。
- 通过相机的取景器、顶部或背部的显示器加以确认。
- 如果参数异常，就得检查何处有误。

在第一章第25节，我已经强烈建议过大家使用光圈优先AE模式。然而，在瀑布或者溪流处，遇到想用低速快门进行拍摄的场景，可以用光圈优先AE模式吗？或许大家会有这样的疑问。不用怀疑，答案是肯定的。

我们在设定光圈值之后，要想控制快门速度，即便是在光圈优先AE模式下摄影，也能够通过控制光圈值和ISO感光度来实现。虽然在拍摄水流时，快门速度尤其关键，但是还没有到必须使用快门优先模式的地步。

说到底，就是哪一种曝光模式最利于摄影。这当中的关键点就在于，充分理解我们所设定的光圈值、快门速度、ISO感光度究竟具有何种价值。只要其中任意一种参数设定有误，都可能导致我们无法拍出满意的作品。这一点应当尤其注意。

37 有效利用触摸屏

近来，搭载触摸屏的机型越来越多。这项功能非常方便，一定要好好利用。触摸屏的操作手感可以与智能手机媲美，对于平时经常使用的人而言，操作起来毫无障碍。

首先，通过触摸屏，我们可以移动对焦框和点按快门。在实时取景模式下，仅通过指尖轻触就能移动对焦框，完成拍照。如果是使用按钮操作，不仅对焦框移动范围有限，还非常耗费时间。通过触摸屏则可以直接选择焦点位置，减轻拍照压力。

需要回放录像时，只要轻轻一点，就能实现。两指在屏幕上向外或者向内滑动，就能实现图片的放大与缩小。如果担心触摸操作时，有附带的多余动作，那么去菜单栏关闭即可。

Check!

- 触碰操作可以缓解摄影压力。
- 轻触屏幕就能播放录像。
- 通过手指操作就能实现图片的扩大与缩小。

触摸屏

如果被摄对象是蜻蜓这样的移动物体，仅通过轻触屏幕就能直接选择自动对焦测距点的话，那就非常方便了。还有，录像回放自不必说，图像的放大缩小也能轻易做到，相较于实体按键，操作压力要小得多。

【摄影参数】中画幅相机　120mm微距镜头（120mm/35mm等效焦距为95mm）　光圈优先AE模式（F4 · 1/600秒）　曝光补偿+1.3EV　ISO400　WB：日光

1 全画幅相机和大口径变焦镜头、微距镜头的搭配组合。
2 4/3画幅相机和高倍率变焦镜头、微距镜头的搭配组合。建议大家根据自己的摄影风格、拍摄地的条件、摄影意图来进行取舍。

38 选择『大三元』镜头还是高倍率变焦镜头？

摄影的时候，携带哪个镜头比较好呢？有时候别人会这样问我。假如你对摄影没有什么特殊要求，那么另当别论。如果你想在认真摄影的同时，感受相机丰富的表现力，那么大口径超广角镜头、大口径标准镜头、大口径长焦镜头这三种变焦镜头和微距镜头的组合将会是很好的选择。只要没有特殊情况，就没有它们应付不了的场面。这套镜头组合主要是针对乘车移动较为频繁的场合，适合与高像素相机搭配使用。

如果比较在意机器的便携性，想要使装备轻量化，那么建议大家，搭配使用高倍率变焦镜头和微距变焦镜头。高倍率变焦镜头非常适合近距离拍摄，完全可以取代微距镜头的作用。如果将高倍率变焦镜头与APS—C画幅和4/3画幅等小型相机搭配使用，它们将会拥有非常优秀的机动性能。非常适合需要长距离步行、或者乘坐公交电车外出的摄影人士。

Check!

- 如果是想充分地展现风景魅力，建议搭配使用大口径变焦镜头和微距镜头。
- 要想提高机动力，建议搭配使用高倍率变焦镜头和微距镜头。
- 根据摄影风格适当选择。

39 三脚架拍摄用实时取景，手持拍摄用取景器取景！

在摄影时，大家会搭配使用实时取景和光学取景两种模式吗？或许有人会这样回答：不会，一直都在使用取景器拍摄。

在手持摄影时，一般用取景器拍摄比较好。这是因为，在实时取景模式下拍照，相机不稳定，容易发生抖动。就这点而言，在利用光学取景器拍摄时，保持两腋收紧，就可以有效减少相机抖动的情况。

在利用三脚架进行拍摄时，情况又如何呢？用光学取景器取景未尝不可，但是相机背面的大显示屏更有利于我们对图像进行确认。为了确定焦点位置，需要放大图像的时候，较大的显示器也能帮助我们更好地看清图像。特别是对于使用光学取景器拍摄的人而言，由于取景器无法放大焦点位置，所以在进行三脚架拍摄时，要积极地使用实时取景模式进行拍照。

Check!

- 手持摄影—建议使用光学取景器。
- 三脚架拍摄—实时取景时更合适。
- 光学取景器自不必说，实时取景模式也要加以利用。

在使用手持相机进行取景拍摄时，将前额和鼻子贴在相机上，收紧双腋，可以增强拍照的稳定感。另外，如果是使用三脚架进行拍摄，一定要利用相机背面的显示器。它能给人一种大画幅相机屏幕的既视感，令人心情愉快。

40 切忌过于拉近焦距，避免出现光学衍射现象

Check!

- 多度拉近焦距是出现光学衍射现象的原因。
- 为了避免衍射现象，全画幅相机的光圈最小缩至F16，4/3画幅相机的光圈最小缩至F11。
- 在强调图片表现力的时候，可以允许出现光学衍射现象。

这是调整光圈值后，拍下的位于远处的一个场景。用F8光圈拍下的图片中，焦点位置的清晰度较高。与此相对，用F22光圈拍下的照片由于光学衍射现象，看起来不是很清晰，因此不要随意地拉近焦距。

F8

F22

中画幅或者大画幅胶片相机一般都是将光圈调到F22或者F32等。但是就数码相机而言，切忌过于拉近焦距。原因在于，将光圈缩得过小，镜头就会出现光的衍射现象，从而降低相机的解像力。

所谓的光学衍射现象，指的是光线绕到光圈后方而无法到达图像感应器的现象。例如，一旦选择F22等小光圈时，焦点位置的解像力就会显著降低。

一般情况下，将光圈缩小到F11左右，就会看到光的衍射现象。为避免光学衍射现象，4/3画幅相机的光圈最小缩至F11，全画幅相机的光圈最小缩至F16。但是，一旦将光圈缩小到F22左右，衍射现象就会非常明显，所以要尽量避免。但若要强调图片表现力，有时候不得不拉近焦距。在那种情况下，由于光学衍射现象所造成的画质变差也是可以容忍的。并且，有的相机搭载了自家原创的RAW处理软件，可以用其修正光学衍射现象所引起的画质劣化。建议大家提前予以确认。

41 相机背带这样安装比较专业

相机背带在不知不觉中自动脱落或者出现松动——大家遇到过这样的情况吗？特别是在手持摄影时，如果相机从背带上脱落，可能会造成无法挽回的损失。还有，背带出现松动时，相机快速下坠，带子上的锁扣可能会损伤相机的显示器。因此，我在本页的右方展示了背带的安装方法，这样既可以防止背带轻易脱落或者出现松动，又可以将背带末端巧妙地隐藏起来。

很多情况下，高端相机的操作说明书里都有背带安装方法的介绍。另外，有些入门级机型也自带背带安装方法的说明书。还有，有的背带可能无法顺利安装，那么就需要考虑另外购买。

操作顺序

这里介绍的方法，又被称为尼康系法或者报道结。其实并没有那么难，如图所示按照顺序安装，即便是长期使用，相机背带也不会轻易松动或者脱落。背带末端也被隐藏起来，非常美观。为了防止相机掉落，建议大家使用这种安装方法。

Check!

- ▶ 相机背带不易脱落的方法。
- ▶ 将相机背带一端穿过锁扣。
- ▶ 为了夹紧背带，将背带末端套入塑胶环并勒紧。

请大家注意图1左上角部分。一根斜着的枝条进入画面，但是这根枝条与照片内容毫无关系，应当将其移出画面。注意到这一点之后，对左上角进行修正，拍下了图2的照片。虽然是很小的细节，但是一旦被察觉到，图1的照片就让人觉得不协调。

【共同参数】全画幅相机　24-70mm变焦镜头（27mm）光圈优先AE模式（F16・1/4秒）　ISO200　WB：日光

42 留意图片四边与四角，拍出完美作品

Check!

- 留意图片四边与四角。
- 从四边四角移出与拍摄内容无关的东西。
- 四边四角井然有序，才会有美丽的照片。

× 1

○ 2

建议大家对比一下拍下的两张照片，几乎是同一个画面。如果不仔细看，可能发现不了二者的差异。但是，两幅图片中相对应的右上角和右下角实际上有着细微而又关键的不同。图3右上角的枝干处理不够完美，右下角的树干也偏离了底角。与此相对，图4中对应的枝干和树干都得到了有效处理。虽然内容相同，但是孰优孰劣，一看便知。

【共同参数】4/3画幅相机　14-150mm变焦镜头（14mm/35mm等效焦距为28mm）　光圈优先AE模式（F5.6·1/125秒）　曝光补偿+2.0EV　ISO200　WB：日光

在摄影当中，存在多种构图方法。例如：三分法构图、O形构图、对角线构图、窥探构图、S形构图……不管是哪一种构图法，只要不留意图像的四边与四角，无论你的内容多么精彩，无论你的构图多么完美，拍出来的照片注定存在缺陷。

例如，与照片内容毫无关系的枝条进入画面，或者向画面一角伸展的枝干偏离顶角离开我们的视线。就后者而言，枝干不从顶角离开画面，这也许对拍摄内容不会造成什么影响。但是，若要讲究细节的话，枝干从顶角离开画面，会让照片显得更加美丽有序。

因为这是非常小的细节，所以在相机取景器或者背部显示器上很难被察觉。但是在有大的显示器或者尝试打印照片的时候，要多加留意。

特别是在摄影大赛的时候，是否对这样的小细节加以考虑和处理，会变成你的作品能否脱颖而出的关键因素。

× 3

○ 4

43 灵活运用被摄对象的朝向和流线，赋予图片自然气息

有的人认为自然界中的被摄对象没有朝向，这种想法是错误的。不管是何种风景，不管是哪种场面，被摄对象不仅有朝向，还有强弱之分。在这种情况下，无视景物的朝向进行拍摄，拍出的画面不仅会给人一种违和感，还会让人在解读照片的时候花费大量的时间，有时候还无法引起别人的共鸣。把握被摄对象的朝向并没有那么困难。欣赏风景时，想要拍摄枝头的伸展方向，溪流的下游方向就是整幅图像的朝向。不违背朝向进行构图是基本中的基本。例如，叶子向左伸展，就应该将叶子放到画面右侧，在左侧留出空白。通过这样的构图方式，景物的自然朝向得以有效利用，画面也协调不少。若不考虑朝向，将树叶放到画面左侧，画面会失去平衡感，视觉效果也会变差。虽然有些场合需要刻意这样做，但那是属于另外一种情况，在后面第45节，我会加以说明。

Check!

- 被摄对象必有朝向。
- 在朝向前方留出余白。
- 不违背朝向是构图常识。

两幅图画几乎是同一个场景，但是大家注意到它们之间细微的差别了吗？太阳光线的朝向是从右上往左下，图**2**将光线布置到画面有右方，对其朝向进行了活用。瀑布的位置也稍向右移，画面下方的水流也得到了向左的朝向。与此相对，图**1**几乎将瀑布放在画面中央，光线的朝向并没有得到有效利用。

【共同参数】全画幅相机　24-70mm变焦镜头（24mm）
光圈优先AE模式（F11 · 1秒）　ISO100　WB:日光

1

2

零零散散的阳光照在羊齿上，上图就是以羊齿为主题拍下的画面。由于叶子的朝向是左下方，所以在画面的左侧留有空白。通过这处余白，给人留下羊齿还在不停生长的余韵。

【摄影参数】APS-C画幅相机　18-55mm变焦镜头（24mm/35mm等效焦距为36mm）　手动曝光模式（F8 · 1/50秒）　-1.0EV　自动ISO（ISO800）　WB:日光

122mm

116mm

110mm

以上几幅图片都是以枫叶为主题拍摄的镜头。由于叶尖朝着天空，可以将被摄对象的朝向视为向上。图**4**是不考虑被摄对象的朝向，仅仅将其布置到画面中央的场景。与此相对，图**5**和**6**，虽然画面横竖有差别，但是都注重到被摄对象的朝向，在枫叶的伸展方向留下了充足的空间。

【摄影参数】全画幅相机　70-200mm变焦镜头　光圈优先AE模式（F2.8 · 1/4秒）　曝光补偿+1.0EV　ISO100　WB：日光

44 凭借中心点构图增强协调感，通过对角线构图赋予动感

图1是站在道路中央偏右的位置拍下的照片。如图所示，石阶笔直地向深处伸展。图2是站在道路中央偏左的位置拍下的照片。如图所示，石阶从右下向左上弯曲，赋予了图片动感。稍作变化，两者的风格变得截然不同。

【摄影参数】

1.4/3画幅相机　12-100mm变焦镜头（12mm/35mm等效焦距为24mm）　光圈优先AE模式（F8·1/2.5秒）　曝光补偿-1.0EV　ISO200　WB:日光

2.中画幅相机　32-64mm变焦镜头（32mm/35mm等效焦距为25mm）　光圈优先AE模式（F16·1秒）　曝光补偿-0.3EV　ISO400　WB:日光

即便是同一被摄对象，从不同拍摄角度观察，看到的形态会有所不同，这是显而易见的事情。举个简单的例子，就以上图的石阶来讲。石阶从画面前端笔直地向深处延伸，与石阶从右下到左上弯曲地伸展，给人的印象是明显不同的。前者给人一种稳定踏实的印象，就后者而言，由于石阶的倾斜感极强，画面被赋予了动感。

被摄对象都有朝向，这在43节已经被提到过。在第43节我们没有讨论的是拍摄角度问题。在这里，我们可以通过改变拍摄角度或者摄影位置来控制被摄对象的朝向和方向。也就是说，即便是同一被摄对象，也可以通过在其他方面下功夫，来给人留下深刻的印象。

在拍摄喜欢的场景时，是在一个固定位置拍摄，还是改变位置在拍摄角度上下功夫，来得到符合自己要求的照片，二者的结果大为不同。虽说前一种做法未尝不可，但是后者的表现范围则要远远大得多。

图3是将镜头正对大树拍下的场景，图4为了让大树靠近画面的左侧，特意选择站位，并且稍微倾斜照相机拍下的画面。即便拍摄内容是同一棵树，但是由于所站的位置和相机的倾斜方式不同，得到的效果也大不一样。

【共同参数】全画幅相机　20mm定焦镜头　光圈优先AE模式（F11・1/8秒）　曝光补偿+1.0EV　ISO200　WB:日光

Check!

- 即便是同一被摄对象，拍摄角度不同，得到的效果也就不同。
- 相对于固定位置，更换位置得到的表现范围更广。
- 凭借中心点构图增强协调感，通过对角线布局赋予动感。

45 留出空间，给人感受过去或者未来的余韵

我在第43节已经讲过，要想活用被摄对象的朝向，在被摄对象朝向的前方留出空间是构图尝试。这在风光摄影中，是极其常规的做法。不管是什么场景，通过这种方式构图，都可以增强图片的平衡感。

但是，也不是非得在拍摄对象的朝向上留出空间。如果有特殊的意图，即便是在被摄对象朝向的反方向留出空间也未尝不可。

那是一种想要在内容里体现时间轴的情况。在被摄对象朝向的前方留出空间，可以理解为是在暗示未来。与此相对，在被摄对象朝向的反方向留下空间，可以理解为展示拍摄主体所经历的过去。

这样的表现手法多用于以生物为拍摄主题的场合。正因为所有生物和人一样，都有过去、现在和将来，所以在拍摄内容中容易表现时间轴这一概念，观众也能轻松地从画面中感受到作者想要表达时间轴的意图。

在蜻蜓朝向的前方留有大片空白，给人一种它不久将从这里飞走的暗示。另外，如果在蜻蜓朝向的相反方向留出空间，则给人蜻蜓刚从那个地方飞过来的遐想。

【摄影参数】全画幅相机　70-200mm变焦镜头（185mm）　光圈优先AE模式（F2.8 · 1/400秒）曝光补偿-0.3EV　ISO200　WB:日光

寓意将来

1

暗示过去

2

暗示将来

提示过去

Check!

- ▶ 在构图中我们可以加入时间轴的概念。
- ▶ 在拍摄对象朝向的前方留出空间可以提示将来。
- ▶ 在拍摄对象朝向的反方向留出空间可以暗示过去。

图**3**在天鹅朝向的前方留出空白，这很容易让人联想到天鹅即将从这里飞过的未来画面。图**4**在白鸟的后方留出空间，给人一种天鹅刚从这里飞过的遐想。

【共同参数】APS-C画幅相机　70-200mm变焦镜头（400mm/35mm等效焦距为600mm）　两倍增距镜　光圈优先AE模式（F11·1/500秒）　自动ISO（ISO320）　WB:日光

46 裁剪后的图片如果缺乏平衡感，就会给人以呆板印象

这张照片的构图好呆板或者这是节奏感很强的构图呀，大家有没有听过这样的评价呢？虽然每个人在构图时都有的自己的意图，但是由于方法不一，拍出来的照片有的显得呆板，有的却拥有恰到好处的节奏感。为什么会产生这样的差别呢？

之所以有的图片看起来非常小气，大多是因为图片空间被压缩后，缺乏平衡感，拍摄主体所处的位置不佳。与此相对，有些具有同等剪裁面积的照片却有着很强的节奏感，原因在于图片整体的协调性更好，图片的重点刚好位于画面的中央。

就风光摄影而言，天空的处理必不可缺。以此为例，在有山又有天空的情况下，画面中天空所占的面积越大，照片看起来就越大气。

如果将天空裁剪到若隐若现的程度，图像整体就会缺少平衡感，看起来会非常小气。如果天空面积占整个画面

宽松

合适

紧凑

呆板

这几幅图片相对便于理解。相较于其他三幅图，图4中天空所占的面积明显要小得多，因而画面缺少平衡感，显得小气。图3天空的剪裁恰到好处，图片富有节奏感。

【共同参数】APS-C画幅相机 18-55mm变焦镜头 光圈优先AE模式（F8・1/640秒）曝光补偿-0.7EV 自动ISO（ISO400） WB:日光

面积的比例为三分之一，则恰到好处。比例在四分之一到五分之一之间，画面将富有很强的节奏感。

紧张感

虽然图**5** 舍弃了很多的拍照元素，但是画面整体非常协调，富有节奏感。图**6**除了具备大量的拍照元素之外，瀑布上方的森林面积大小也恰到好处。与图**6**相比，图**7**中的瀑布过于靠近左侧，打破了画面的平衡，使图像的左侧看起来非常拥挤和小气。

【共同参数】全画幅相机　24-70mm变焦镜头　光圈优先AE模式（F11・1/3秒）　ISO100　WB：日光

Check!

- 即便画面空间有限，只要保持协调，图片也能富有节奏感。
- 画面空间有限，同时缺乏协调性，图像就会显得非常小气。
- 在构图的时候，经常要将平衡感放在心上。

合适

拥挤

47 通过横向构图表现稳定感，凭借竖向构图决定画面高度

大多数情况下，我们更喜欢横向使用相机。为了满足这样的使用习惯，相机生产商对相机握柄、三脚架连接孔、操作部位的布局进行了针对性设计。所以，在刚开始摄影的时候，大多以横版照片的拍摄为主。

但是，看过很多摄影展和写真集之后，你会发现照片不只有横版，还有竖版。并且，你会逐渐了解竖版照片的含义、特点和作用。

横版照片的优势在于表现图片左右两侧的跨度，以及给人踏实感。因为人眼是横向排列的，所以横版照片对我们来讲更具亲和力，更容易产生共鸣。

另一方面，由于竖版照片具有上下方向的矢量，它的优势在于表现图片的高度。再加之，它可以轻松展现脚下风景，所以在表现图片纵向深度和远近层次上有很大的优势。还有，相较于横版照片，竖版照片反过来又具有不稳定因素，它可以在画面中表现出这种不稳定感。

手持摄影时，由于横向拍摄易于保持姿势，所以选择横向拍摄的人越来越多。但是，我也希望大家增强竖向拍摄的意识，使摄影作品更富有变化。

Check!

- 横向构图可以表现图片稳定感和左右两侧的跨度。
- 纵向构图可以表现图片的高度、纵深和不稳定感。
- 兼顾横向拍摄和竖向拍摄，使摄影作品更富有变化。

横向构图可以表现出群山向左向右绵延的气势，竖向构图可以体现出天空的雄壮和高度。横向构图和竖向构图，有各自的特点和作用。

【共同参数】全画幅相机　24-70mm变焦镜头（26mm）　光圈优先AE模式（F11·1/30秒）　1.0EV補正　ISO100　WB：日光

在横向构图中，为了表现出地藏菩萨们关系亲密、并肩站立的画面，将焦距调整为175mm横向取景。在纵向构图中，为了传达出地藏菩萨在田间一角伫立的神韵，特意在图像下方加入水田的画面。同时，为了让人感受到那种纵向深度，选择90mm的焦距，稍微增大视场角进行纵向取景。

【共同参数】全画幅相机　70-200mm变焦镜头　光圈优先AE模式（F2.8·1/640秒）　ISO100　WB：日光

48 再小的背景也能衬托画面的深度

1

2

图1为我们呈现出了一个场景，一个代表整体画面的场景，照片中的主角是画面下方的岩石和流水。图3的拍摄主题是从岩缝流出的溪水。通过简单地展示一下背景，就成功地表现出了图片的深度。相较于图3，图2略去了背景，让人完全感受不到那种纵向深度。

【共同参数】4/3画幅相机　12-100mm变焦镜头　光圈优先AE模式（F8·1秒）　ISO200　WB：日光

4

图4与图5的差别一目了然。除了构图上的横竖差别外，画面下方背景的有无，也成为了两幅图片内容截然不同的原因之一。图5将构图重点放在了表现樱花的美上面，图4的背景里出现了山和村落，通过这种方式不仅呈现了樱花的美，还成功表现出樱花所在地的风土人情和风景规模。

【共同参数】全画幅相机　16-35mm变焦镜头（16mm）　光圈优先AE模式（F11·1/100秒）　曝光补偿-0.3EV　ISO200　WB：日光

5

Check!

- 背景的表现方式不同，内容也会随之发生变化。
- 背景再小也能让人感受到画面的深度。
- 画面中不要出现过多的背景，在摄影时要拿出勇气。

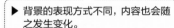

选取什么样的背景，选取多大的背景，光在这方面下功夫，就会让我们拍出的照片大为不同。风光摄影有三大要素，分别是前景、中景和远景。在拍摄现场，选取何种要素以及如何表现，是衡量摄影师能力高低的试金石之一。

在可以随意改变摄影位置的情况下，我们有多种背景可以选择。但是，在摄影位置固定的情况下，我们只有三种选择：一是不表现出背景，二是原模原样地展现看到的背景，三是只表现所看到背景的一小部分。在这里，我想强调的是第三种选择。再小的背景也能衬托出画面的深度。进一步讲，为了让人感受到画面的深度，在最大限度发挥拍摄主体作用的同时，要尽量降低背景的存在感。因为假如画面中出现过多的背景，拍摄主体的光环必定会被削弱，所以将背景控制在隐约可见的程度比较好。在刚学拍照的时候，大家会想尽办法展现各种背景。但是，一旦你具备了能将背景范围限制到最小的勇气，就证明你进步了。如果你不知道照片的背景范围多大才合适，建议你提前拍摄大量的图片以供筛选。

49 景深体现了拍照者的意图和感情

光圈：F11

试着比较一下在F11的光圈和F2.8的最大光圈下拍下的同一场景。图1拉近了焦距，一眼望去，整个画面看得清清楚楚。图2给人一种眯着眼睛只为窥视远方的感觉。仅光圈不同，就产生了这样的差异。

【共同参数】全画幅相机 24-70mm变焦镜头（62mm） 光圈优先AE模式 ISO100 WB：日光

在此之前，拍摄风景照时所使用的主要手段是全焦点摄影。这是因为，全自动对焦模式下，相机可以对近景到远景的所有拍摄对象进行对焦。在摄影大会上，我经常看到这样的场景，指导老师吼着大嗓门说道：『尽量把光圈给我调小一点！』或者『F16的光圈啊……！』风光摄影的核心是表现手法的运用，而表现手法的核心又是泛焦技巧的使用。

在考虑风光摄影的表现手法时，这种想法并没有错。但是，拉近焦距后的画面能否准确传达你的感情，这才是关键。拍照者的意图和感情在图片景深上得到最直观的体现。进一步讲，全焦点摄影表现手法能扎实地展现画面全局，背景虚化表现手法能突出拍摄主体，通过两种表现手法创作的内容将会拥有完全不同的效果。

因此，有的人并不赞同一味地拉近焦距。我们要谨慎地调整光圈，要追问自己的内心。适合自己心境的是全焦点摄影表现手法，还是背景虚化表现手法？在没有得到真实的答案之前，切忌随意决定光圈值。

光圈：F8

光圈：F2.8

以侧金盏花盛放的山丘为目标，想要客观地捕捉画面全局时，建议大家从眼部的高度进行全焦点摄影。另外，被侧金盏花所吸引，想把视线放到花上时，建议大家灵活利用背景虚化。想怎么拍摄，怎么表现，决定了相机的光圈值、拍摄角度和镜头。

【共同参数】

3. 4/3画幅相机　12-40mm变焦镜头（35mm/35mm等效焦距为70mm）　光圈优先AE模式（F8 · 1/100秒）　ISO200　WB：日光

4. 4/3画幅相机　40-150mm变焦镜头（150mm/35mm等效焦距为300mm）　光圈优先AE模式（F2.8 · 1/500秒　ISO200　WB：日光

Check!

- ▶ 拍照者的感情在景深中得到体现。
- ▶ 全焦点摄影可以提供客观的视角。
- ▶ 背景虚化可以反映作者的主观情绪。

光圈：F2.8

50 通过白平衡传达情感

如同景深（主要由光圈值决定）可以反映拍照者的情绪一样，色彩（主要由白平衡决定）也能体现拍照者的意图和心情。有的人会说：『照片的颜色如果不按照实际看到的那样去呈现，就不是真正的照片。』如果是这样理解的话，在拍摄同一个场景的时候，就分不出哪张照片是谁拍的了。如果可以用景深和亮度来表达作者的心情，那么用颜色来体现拍照者的个性又有何不可呢！

但是，我们在表现风景的时候，不能为了改变颜色而损伤画面原有的自然气息，也不能凭空捏造原本没有的色彩。如何用颜色来表达我们的心情呢？

诀窍就是，像使用餐桌上的调味料一般把握火候。带点红色的暖色调可以让人感觉温暖、舒畅。相反，带点青色的冷色调会让人感到寂寞、不安和冷漠。所以，我们要把握好度。

每个人的表达方式都不一样，建议大家果断地进行色彩调整的同时，不要损伤画面原有的自然气息，把握好火候。

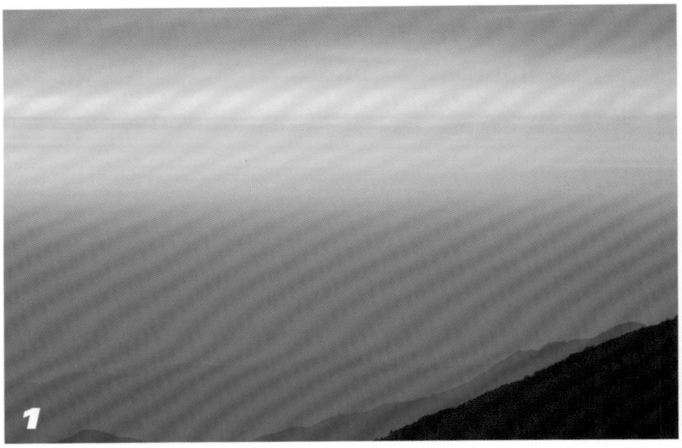

WB：4000K（指定色温）

Check!

- ▶ 通过白平衡也能表达情感。
- ▶ 暖色调代表华丽、温暖、舒畅。
- ▶ 冷色调代表寂寞、不安、冷漠。

WB：4500K（指定色温）

WB：日光

WB：阴天

图1是在4000K的色温下拍摄的照片。天空中隐约可见的橘黄色里，参杂着一些让人觉得冷漠的藏青色，越发让人感到不安。与此相对，在阴天情况下完成拍摄的图3中，青色所剩无几，红色等暖色调占据了整个画面。晚霞浮现，让人看到了明天的希望。

【共同参数】4/3画幅相机 12-100mm变焦镜头（80mm/35mm等效焦距为160mm） 光圈优先AE模式（F5.6·1/80秒） 曝光补偿+0.3EV ISO200

早晨6:30分，太阳照射下的池塘。在太阳光下拍摄的图5接近人眼所看到的画面。图4是在4500K的指定色温下拍摄，画面带有一点青色，让人感受到早晨的清凉。图6是在6000K的指定色温下拍摄，画面带有些许的橙黄色，让人感受到了太阳的温暖。这几幅图不管怎样比较，除了色彩上的细微差别外，感受不到任何的不自然。

【共同参数】4/3画幅相机 12-100mm变焦镜头（18mm/35mm等效焦距为36mm） 光圈优先AE模式（F8·1/60秒） ISO200

WB：日光

WB：阴天

51 把对焦点放在想要表现的被摄主体上

答案是，半对半错。例如，如果在拍摄龙爪花花圃，龙爪花从镜头前方一直延伸到后方，毫不间断的情况下，上面的固定模式是适用的。但是，在红色龙爪花花圃的深处混入一些白色的龙爪花，被这种场景所吸引，想进行拍摄时，建议大家把焦点放在白色的龙爪花上面。

即便是将对焦点置于画面前方1/3处进行全焦点摄影，严格来讲，对画面深处的单个白色龙爪花是无法对焦的。如果想要突出表现的拍摄主体没有位于画面前方1/3处，那么建议大家将对焦点移到拍摄主体上比较好。强行将对焦点放在并不是自己心仪的位置上，只会让观者越看越困惑。因此，还是抛弃关于对焦点位置的固定观念比较好。

改变对焦点位置对同一场景进行拍照。图**1**中，因为画面中央附近，以长有青苔的岩石为拍摄主体，所以将对焦点放在了岩石身上。图**2**中，因为被倒下的枯木的形态所吸引，所以对焦点位于枯木之上。这是我个人推荐的对焦位置，仅供参考。如果利用全焦点摄影，将对焦点放在画面前方1/3处，图片会变成什么样子，不难想象。

【共同参数】全画幅相机　70-200mm变焦镜头（135mm）　光圈优先AE模式（F16·13秒）　曝光补偿-0.3EV　ISO100　WB：日光

Check!

- 如果拍摄对象是连续画面，可以将对焦点放在画面前方1/3处。
- 一般情况下，应对拍摄主体进行对焦。
- 舍弃关于对焦点位置的陈旧观念。

所谓的全焦点摄影，通过拉近焦距，可以对近景到远景的所有拍摄对象进行对焦。景深有这样一个特点，对焦点前方的景深较浅，对焦点后方的景深较深。因此，在进行全焦点摄影时，为了将对焦点放在画面前方三分之一处而拉近焦距是一般常识。然而，真的是这样吗？

上图是群山被红叶浸染的照片。出于偶然，想要表现的拍摄主体——花楸，刚好位于画面前方1/3处，于是以此为中心进行构图。不用说，对焦点被放到了花楸身上。在这种情况下，按照固定模式来放置对焦点是没有问题的。

【共同参数】全画幅相机 24-70mm变焦镜头（26mm） 光圈优先AE模式（F16 · 1/13秒） 曝光补偿-0.3EV ISO100 WB：日光

52 使用多种纵横比，丰富表现样式

图**2**灵活利用了画面的宽度，图**1**是按照长宽比为1:1的四方形来构图。瀑布、向画面前方流来的溪水、瀑布潭中的漩涡、夹着瀑布的山崖等所有要素的布局恰到好处。同时，正方形的框架也突出了每个要素的特点。

【共同参数】全画幅相机 24-70mm变焦镜头（24mm）光圈优先AE模式（F11·1/2.5秒） 曝光补偿-0.7EV ISO 100 WB：日光

就摄影而言，僵化观念或者固定模式已经不合时宜。因为摄影重在表达，所以我们的表现手法应该摆脱其束缚，变得更加灵活。改变纵横比就是方法之一。何为纵横比，简而言之，画面的高宽比。所有相机在设计之初，都有自己默认的纵横比。其纵横比一般是2:3或者3:4。

在刚开始学摄影的时候，一直老老实实地按照相机固有的纵横比进行拍照。实际上，除了固有的纵横比之外，现在的很多相机还搭载有其他尺寸的纵横比。我们知道如何使用这些功能吗？如果看一下操作说明书，我们就会知道该从哪个菜单找到它们。一定要好好加以利用。

有些相机还搭载了1:1的方形格式，16:9或者65:24的全景格式。相较于固有的纵横比，其他纵横比下所拍照片的像素都会有所下降。即便如此，尝试未曾使用过的纵横比，一定可以得到新的启发和收获。因此，一定要灵活利用，拓宽相机的表现范围。

这款相机搭载有65:24全景格式的纵横比。偶然碰到难得一遇的美景，考虑到65:24的全景格式，可以突出自己想要表现的内容，并且让图片看起来更有趣，所以在此格式下完成了拍照。

【共同参数】中画幅相机　120mm定焦镜头（35mm等效焦距为95mm）　光圈优先AE模式（F16·1/25秒）　曝光补偿-0.7EV　ISO100　WB：日光

Check!

- 要从相机固有的纵横比中解放出来，尝试使用多种纵横比。
- 尝试方形格式或者全景格式。
- 改变画面纵横比，发现不一样的风景。

在拍摄倾斜而下的瀑布时，想要将其以挂轴的形式表现出来，因而选择了16:9的纵横比。在这种格式下，左右空间收缩恰到好处，还能按照预定想法构图。画面颜色选择单色，尝试营造出水墨画的氛围。

【共同参数】中画幅相机　120mm定焦镜头（35mm等效焦距为95mm）　光圈优先AE模式（F8·1/1600秒）ISO1600　WB：日光

53 视觉特效系列的滤镜可以促进自我启发和拓宽相机表现范围

所谓的表现，应该不拘一格。但是，我们以自然风光为拍摄对象时，拍出的照片还必须显得自然。然而，对于相机所搭载的功能，我们还不是完全熟悉，难以做到尽善尽美。不过，我们可以从中受到启发，发现一些新的东西。这又何尝不是一件好事呢！

图一是使用奥林巴斯的“戏剧效果”艺术滤镜拍下的照片。在高动态范围模式下加以调整，较好地完成了场景的表现。在多云或者逆光等对比度较高的场景下，滤镜将发挥极大的作用。

【共同参数】4/3画幅相机　12-100mm变焦镜头（12mm/35mm等效焦距为24mm）　光圈优先AE模式（F8·1/3200秒）　曝光补偿-0.7EV　ISO200　WB：日光

1

图**2**也使用了奥林巴斯的“神奇焦点”艺术滤镜。拍出的效果犹如使用了柔焦镜头或者柔焦滤镜一般。尤其在拍摄花朵的时候，这款滤镜可以产生极佳的效果。

【共同参数】4/3画幅相机　12-100mm变焦镜头（80mm/35mm等效焦距为160mm）　光圈优先AE模式（F4·1/640秒）　曝光补偿+1.0EV　ISO200　WB：日光

Check!

- 视觉特效系列的滤镜也要加以尝试。
- 挖掘新的表现技巧和构思方法。
- 促进自我启发。

近来，越来越多的照相机开始搭载视觉特效系列的滤镜。凭借这些滤镜的功能，我们可以让拍出的风景照显得更有趣，而在胶卷相机时代，这是难以完全实现的。通过简单的操作，就能获得非常好的视觉特效，还是要归功于数码相机。

利用视觉特效系列的滤镜，我们可以大胆进行尝试，充分彰显个性。作为自然风光的一种表现手段，滤镜有其不足的一面，但是正如前面我所说的那样，滤镜可以促进自我启发，帮助我们寻找新的表现技巧，提高我们的拍摄热情。尝试一下，并没有什么不好。我每次遇到合适的机会，都会使用滤镜拍照。建议大家一定要去体验一下。

54 以失焦散景为拍摄主题的构想

橙色和绿色交融的柔和散景是这幅图片想要呈现的主题。此处，为了散景中不出现具体的形状，刻意将镜头贴近散景前部的花朵进行拍摄。

【共同参数】APS-C画幅相机　135mm定焦镜头（135mm/35mm等效焦距为202mm）　光圈优先AE模式（F1.8 · 1/500秒）　曝光补偿+1.0EV　ISO100　WB：日光

右图将焦点放在了羊齿上，呈现了叶子的秩序美。与此同时，还展现了散景前部叶子的柔和美以及背景中圆点散景的清爽。

【摄影参数】APS-C画幅相机　50-140mm变焦镜头（140mm/35mm等效焦距为210mm）　光圈优先AE模式（F2.8 · 1/35秒）　曝光补偿+2.0EV　ISO3200　WB：日光

Check!

- 带着呈现散景的想法。
- 拍摄以柔和外形和色彩为主题的照片。
- 在标题中表明散景就是拍摄意图所在。

就摄影而言，大多数情况下，对焦部分就是主角，就是摄影主题，也是摄影的意图所在。所以，一般的摄影模式就是：先决定拍摄主体，然后对焦，再按快门。或许大多数的照片都是这样拍出来的，但是如果有其他构想岂不更好。例如，以失焦部分为摄影主题。对焦部分是画面的关键所在，有时候还扮演着拍摄主体的作用。但是，如果作者真正的意图在失焦的散景部分，这难道不是很有趣吗？

有的散景仅能呈现出柔和的色彩，有的散景能呈现出具有一定形状，但是看起来依旧模糊不清的场景。为了让人看到、感受和理解这样的场景，抱着这样的目的拍下的照片将会非常有趣。还有，我们也可以根据情况，通过照片的标题来感受作者的创作意图。如果有这样的照片，也是非常好的事情。

相较于画面下方的树木，散景部分散发着浓厚的魅力，更加引人注目。但是，正因为有对焦的部分，散景部分才会很好地发挥其作用。希望大家注意这一点。

【摄影参数】全画幅相机　70-200mm变焦镜头（80mm）　光圈优先AE模式（F2.8・1/2500秒）　曝光补偿+3.0EV　ISO200　WB：日光

55 画面全部失焦，只用散景的表现手法

我在第54节已经介绍过使用散景的构想。在那之中，虽然散景是表现主题，但是画面中还是有老老实实对焦的部分。那么，整个画面完全失焦的照片存在吗？

就表现手法而言，有其可能性。例如，将整个画面虚化，使其只能呈现出柔和的色彩。或者将拍摄对象的形状虚化到模糊但能辨认的程度。这样的情况下加入散景效果，未尝不可。

画面全部失焦的大胆构想或许难以付诸实践，但是大家在表现技巧上走投无路，心境反而变得从容的时候，可以一试。原因在于，新的表现手法往往源于各种各样的尝试和努力。

Check!

- ▶ 画面全部失焦的构想。
- ▶ 根据散景的呈现方式，选择合适的表现技巧。
- ▶ 谨慎调整散景的形状。

停留在枝头的水滴非常漂亮。为了拍下这个场景，做了各种各样的尝试。非常时刻，想到了将整个画面虚化，只使用圆点散景的方法。在图片中，如何选取背景中树木或者圆点散景的形状，这是关键所在。拍了很多的照片，留下了这最好看的一张。

【摄影参数】4/3画幅相机　40-150mm变焦镜头（130mm/35mm等效焦距为260mm）　光圈优先AE模式（F2.8 · 1/320秒）　ISO800　WB：日光

56 缩小相机光圈，改变圆点散景大小

我在第54节已经介绍过散景的使用。或许还有人想以闪闪发光的圆点散景为表现对象。没错，圆点散景就是值得被展现的被摄对象。

接下来，我给大家介绍一种表现圆点散景的方法。为了出现圆点散景，一般选用微距镜头或者长焦镜头进行拍摄，同时选择最小光圈值，这属于基本常识。然而，由于对焦主体位置和背景之间的距离等原因，有时候圆点散景会显得过大。如果散景过大，闪闪放光的氛围将得不到体现，在这种情况下建议缩小光圈。随着光圈变小，圆点散景也会越来越小，直到获得合适的尺寸。但是光圈调得过小，圆点散景的圆形形状会遭到破坏，以至于出现棱角。要想保持圆点散景的形状，最大光圈最多缩小两档，建议大家有大致的把握。

Check!

- ▶ 缩小光圈，圆点散景尺寸会跟着变小。
- ▶ 寻找圆点散景能够闪闪发光的光圈值。
- ▶ 改变光圈值，做好拍摄准备很重要。

将F2.8的光圈缩小一档，想要观察圆点散景的形状变化。每次调小光圈，圆点散景就会变小。光圈值在F4或者F5.6左右，圆点散景闪闪发光的氛围最强。由于照片打印尺寸的不同，圆点散景给人的印象也大为不同。改变光圈大小，提前做好拍摄准备非常重要。

【共同参数】APS-C画幅相机　60mm定焦镜头（60mm/35mm等效焦距为90mm）　曝光补偿+0.7EV　ISO100　WB：日光

光圈：F2.8

光圈：F4

光圈：F5.6

光圈：F8

57 标准镜头可以直观地呈现所看到的风景

以上的每一个镜头都是在距离拍摄对象50米左右的位置拍摄而成，每张照片看上去都很自然。如果想要捕捉见到风景时的第一印象，标准镜头可以说是最合适不过的了。

这个镜头只将瀑布和花纳入画面，并将二者进行了一个简单的对比。我一直以完成稳定感较好的构图为目标。这个时候，如果再有其他元素进入画面，拍照者的摄影意图就会变得模糊和平庸。

【摄影参数】全画幅相机　24-70mm变焦镜头（50mm）　光圈优先AE模式（F16 · 1/5秒）　曝光补偿+0.3EV　ISO200　WB：日光

走到一处可以远眺瀑布的场所，映入眼帘的是美丽的红叶和从巨大岩壁倾斜而下的瀑布。想要毫不夸张、直观地呈现出那种气势磅礴的场面，因此选择了标准变焦镜头进行拍摄。

【摄影参数】全画幅相机　24-70mm变焦镜头（50mm）　光圈优先AE模式（F11・1/5秒）　曝光补偿-0.3EV　ISO200　WB：日光

Check!

- 标准变焦镜头能直观的呈现出所看到的场景。
- 可以获得广角镜头或者长焦镜头一样的拍摄效果。
- 明确主体，找好配角。

因为一般的镜头套装都配有标准变焦镜头，所以大家第一次入手的镜头说不定都是标准变焦镜头。

标准变焦镜头的等效35mm焦距为24~70mm。在50mm左右的等效焦距下，相机获得的视场角最符合人的视野，所以能直观地呈现出我们所看到的风景。就这一点而言，在我们想要直观地反映从风景中所感受到的第一印象时，标准镜头可以说是最合适的。它既不会让拍摄对象变形，又能让我们获得广角镜头或者长焦镜头一样的拍摄效果，可以称得上是全能镜头。

如果草率地选择镜头进行拍摄，拍照者的摄影意图可能会变得难以理解。我们不应该总是想着标新立异，还要学会珍惜最原始的场景，并且直观地呈现它。如果你意识到这一点，将会有不错的收获。

一不小心，我们拍出的风景就会变得平庸不堪。所以，想要得偿所愿，创作出既有平衡感又有稳定感的作品，标准镜头是很好的选择。

58 广角镜头能应付各种距离的被摄对象

选取枝垂樱上花开正茂的枝头，将镜头贴近进行近距离拍摄。通过强调画面前方的樱花和画面深处的枝干之间的距离感，来表现宛如从天而降的枝垂樱的生动美感。

【摄影参数】全画幅相机　14-24mm变焦镜头（14mm）　光圈优先AE模式（F4 · 1/600秒）　曝光补偿-0.3EV　ISO200　WB：日光

Check!

- 不要在开阔地带使用！适用面积狭小场所。
- 为了获得宽阔感，靠近拍摄对象。
- 遇到花田，即便是蹲下也能营造出很好的效果。

正如字面意思所体现的那样，广角镜头可以被用来拍摄大范围风景。但是，如果你认为广角镜头是在开阔地带拍摄大范围风景时才使用，那就大错特错了。在摄影地点面积狭小的时候，广角镜头才能发挥其真正价值。它可以增加拍摄对象之间的距离感。

广角镜头可以近距离地放大拍摄对象，也可以远距离地缩小拍摄对象。因为大场面的风景大多以远景和中景为主，只需要进行大范围拍摄即可。然而，在狭小场所，拍摄对象和前景的距离非常近，使用广角镜头便于增加他们之间的距离感。将拍摄对象的大小差异化，让画面有更宽广的视野。

增加画面距离感的另外一种方法，是尽可能地靠近拍摄对象。通过缩短镜头与被摄对象之间的距离，将拍摄地变为『狭小的场所』，以此来增加距离感。举个例子，如果被摄对象是枝垂樱，就要贴近从上而下垂下的花朵。如果是在森林中，就要将镜头对准脚下的羊齿。如果是在拍摄花田，与其站立拍摄，倒不如蹲下，将镜头贴近，更能营造画面的距离感。建议大家加以尝试。

将镜头贴近瀑布的水流，脚下的羊齿，由下而上……。不管是哪个镜头，关键词都是靠近拍摄对象。在这里，还需要注意的是，正因为羊齿属于较小的拍摄对象，所以要用广角近摄的表现方式。

为了在狭小场所发挥其价值，进行实践拍摄的场景。我钻到铺天盖地的黄叶下面进行拍照。在拍摄主体的周边纳入些许背景，委婉地表现出黄叶追着光影不断扩张的情景。

【摄影参数】APS-C画幅相机 14-24mm变焦镜头（10mm/35mm等效焦距为15mm） 光圈优先AE模式（F8 · 1/250秒） 曝光补偿+0.7EV ISO200 WB：日光

59 灵活运用长焦镜头的取景、虚化以及空间压缩效果

进行季节对比、表现树间若隐若现的红叶和大幅度虚化背景等风光摄影中，长焦镜头可以发挥极其重要的作用。长焦镜头既便于实现虚化效果，又便于表现优美而又柔和的心境。

Check!

- ▶ 对于风光的取景而言，长焦镜头必不可少。
- ▶ 灵活运用虚化效果，体现柔和表现力。
- ▶ 灵活运用对比度较高的空间压缩效果。

山脉的背阴处，布满了令人印象深刻的红叶。我被这个场景所吸引，拍下了这张照片。排除多余的要素，进行简单的构图。凭借长焦镜头的取景和压缩效果，对近景、中景和远景中的斜坡进行对比。

【摄影参数】全画幅相机 70-200mm变焦镜头（100mm）光圈优先AE模式（F8 · 1/80秒） 曝光补偿-0.7EV ISO 200 WB：日光

明亮而又柔和的散景非常适合春季风光的表现。根据这种想法，选择油菜花作为前散景，拍下了上图的场景。为了将油菜花充分纳入画面，特意选择了大口径长焦变焦镜头。通过较为明亮的曝光，来强调春天的气息。

【摄影参数】全画幅相机　70-200mm变焦镜头（200mm）光圈优先AE模式（F4 · 1/500秒）　曝光补偿+0.7EV ISO100　WB：日光

人们经常说，风光摄影其实是在做减法。这是因为，我们首先要从出现在眼前的风景中选出扣人心弦的部分，然后对相关场景拉近焦距，再完成构图。对此，长焦镜头是最好的选择。但是，光会截取画面，还不能算得上是镜头的熟练运用。只有了解了长焦镜头的固有特点，才能实现更加丰富多彩的拍照效果。

首先是虚化效果。一般情况下焦距越长，焦点位置前后越容易虚化。将镜头靠近被摄对象，选择最小光圈值，可以进一步增加虚化效果。对此加以利用，就可以让被摄主体从虚化的背景中脱颖而出。与此同时，前散景的使用，还可以让画面看起来更柔和。

另外，所谓的压缩效果，指的是将远近不同的被摄体在画面上进行叠加，缩短视觉上的距离差，让所有的被摄体位于相近位置的效果。例如，将樱花和残雪各自所处的季节进行对比，可以表现出季节的变迁。

还有，长焦镜头容易发生抖动。大家可以使用三脚架、开启相机防抖功能以及提高感光度来加以预防。

60 定焦镜头在便携性、虚化效果、抗光害上具有很大优势

便携性好是定焦镜头的优点之一。定焦镜头未必适合长期使用，但是在前往较远的拍摄地时，不失为一大利器。还有，分辨率高也是定焦镜头的魅力所在。现在很多新型定焦镜头不仅价格便宜，分辨率也很高。

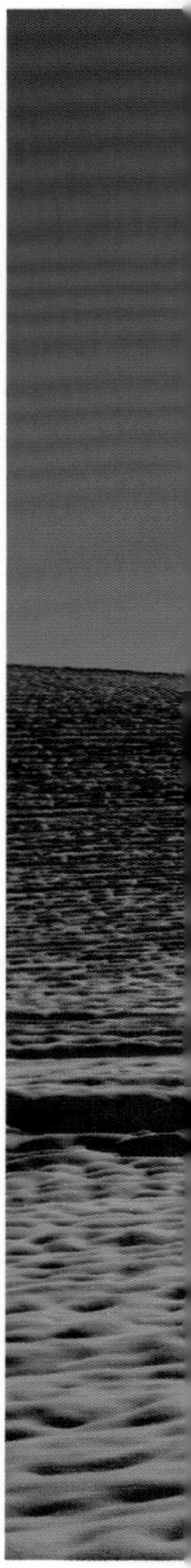

相对于长焦镜头，短焦镜头不易实现虚化效果。但是，如果使用定焦镜头靠近被摄体，即便是广角定焦镜头，也能很好地实现如图所示的背景虚化效果。还能充分享受变焦镜头无法实现的表达效果。

【摄影参数】全画幅相机 28mm定焦镜头 光圈优先AE模式（F1.8 · 1/3200秒） 曝光补偿+1.0EV ISO100 WB：日光

相较于变焦镜头，定焦镜头内部采用更少的镜片组，不易出现镜头内部光线反射问题。因此，即便是强光进入画面，也能有效防止光晕或者光斑等有害光的出现。如果镜头表面再加上涂层，效果就更好了。

【摄影参数】全画幅相机　28mm定焦镜头　光圈优先AE模式（F11·1250）秒　曝光补偿-0.7EV　ISO100　WB：日光

Check!

- ▶ 定焦镜头在长距离移动时是一大利器。
- ▶ 灵活运用定焦镜头独有的虚化效果。
- ▶ 即便是强光，也很难产生有害光。

在移动范围受限的地方拍摄风景照时，变焦镜头确实能发挥很大的作用。但是，定焦镜头也有定焦镜头的优点。

一般情况下，定焦镜头比变焦镜头更小更轻。在进行长距离移动摄影时，将超广角等部分变焦镜头换成定焦镜头，可以有效实现拍摄工具的轻量化。

另外，相较于变焦镜头，定焦镜头的最小光圈值更小，这是其优点之一。一般情况下，即便是大口径的变焦镜头，它的最小光圈值也只有F2.8的级别；如果是定焦镜头的话，它的最小光圈值多是F1.4或者F1.8的级别。定焦镜头可以获得比变焦镜头更多的虚化量，这是其魅力所在。

再者，在强光的照射下，产生光害的几率比较小，这是定焦镜头的另外一个特点。相较于变焦镜头，定焦镜头内部采用更少的镜片组，镜头内部光线反射问题较少。即便是将太阳直接纳入拍摄范围，也很少会产生光晕或者光斑的现象。

即便是只有一个定焦镜头，也能让我们的摄影表现大放异彩。因为有的定焦镜头非常便宜，所以建议大家以此为契机加以尝试。

61 微距镜头能随时随地表现我们的世界观

此处登载的照片均是在附近公园拍摄。微距镜头可以将很小的场景作为被摄体，还不用刻意挑选背景。所以，即便是在大都市的公园或者道路旁，我们都可以随心所欲地拍照。

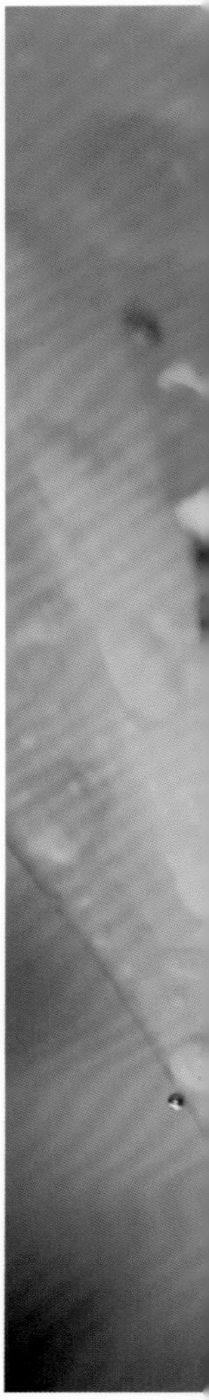

微距镜头可以将很小的被摄对象进行放大拍摄。即便是很小的场景，也可以成为微距镜头的被摄对象。所以，我们使用微距镜头摄影，不会轻易受到拍摄环境的限制。这是微距镜头的优点之一。即便在公园，你也可以用它去塑造你自己的世界观。按照35mm等效焦距，微距镜头可以分为三类：50～60mm的标准微距、90～105mm的百微、180～200mm的大微。一般情况下，90～105mm的微距镜头使用起来更为方便。

如果在最短拍摄距离下拍照，微距镜头大多可进行等倍摄影。还有，在使用微距镜头时，不用选择镜头与被摄对象之间的距离，因而拍起照来要自由得多。

近距摄影时，景深过浅，严格地调整对焦点位置变得非常重要。另外，有时候需要根据情况缩小光圈。在那种情况下，快门速度可能会显著下降，一定要注意防止相机出现抖动。

在后面将要讲到的【102 将附近的公园视为拍照场所】中，还会涉及到它的灵活使用，所以建议大家提前准备好一个微距镜。

上图表现出了水滴中所蕴含的别样世界，以及风景中所存在的独特场景。水滴映射出了镜头后方的花朵。如果你仔细观察水滴中花朵的角度和位置，定会有所发现。还有，因为水滴呈球形，所以对其适当地拉近焦距比较好。

【摄影参数】APS-C画幅相机　60mm定焦镜头　光圈优先AE模式（F8 · 1/250秒）　曝光补偿+0.7EV　ISO1600　WB：日光

花蕊被柔和的色调所包围，让人感受到了春天的温暖。在手持摄影时，为了确定对焦点位置，需要在用聚焦环进行调整后，稍微将身体进行前后移动，在出现峰值的瞬间按下快门。

【摄影参数】全画幅相机 105mm微距镜头　光圈优先AE模式（F8·1/320秒）　ISO400　WB：日光

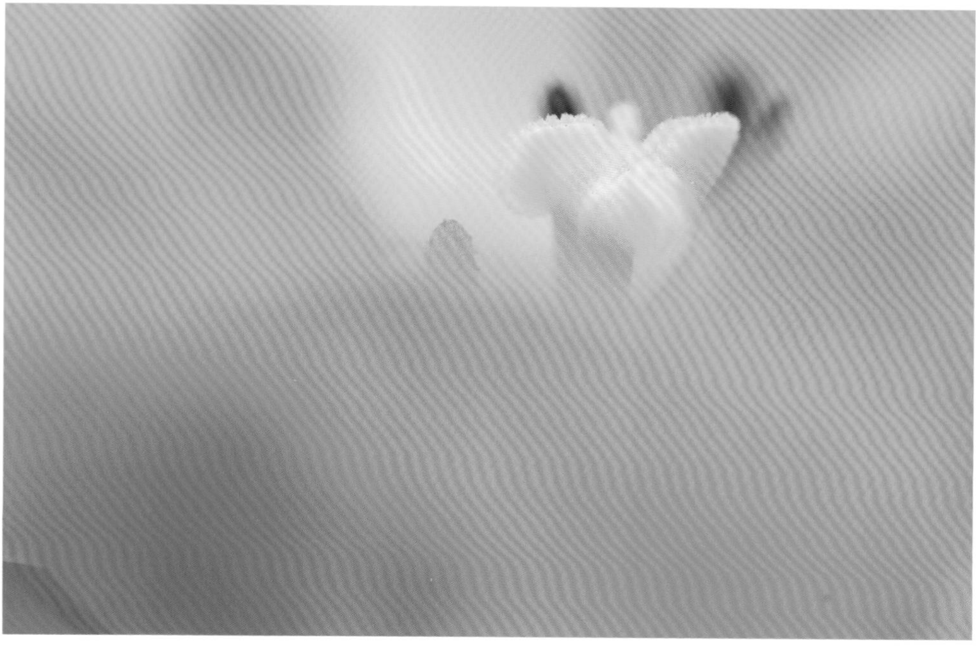

62 明确鱼眼镜头的用途，活用其变形效果，增强视觉冲击力

这幅图片的主题是活用鱼眼镜头的变形效果，拍摄森林之中为了吸收阳光而长得弯弯曲曲的树木。站在小道上，将镜头贴近缠绕着石头的大树，由下而上仰视。这棵树富有特色的外形不仅得以突出表现，还增强了图片的视觉冲击力。

【摄影参数】全画幅相机 8-15mm鱼眼镜头（15mm） 光圈优先AE模式（F8·1/10秒） 曝光补偿-0.3EV ISO100 WB：日光

泥塘中，叶子已黄的睡莲形态十分有趣。我在想，如果使用鱼眼镜头让其产生变形，可以获得更强的视觉冲击力。因此，尽可能地将相机贴近水面，让镜头中的水平线远离画面中央线再进行摄影。

【摄影参数】全画幅相机　16mm鱼眼镜头　光圈优先AE模式（F11 · 4秒）　曝光补偿-0.7EV　ISO200　WB：日光

用球形鱼眼镜头进行摄影时，由于其成像范围有限，景物是以球的形状被拍摄下来。有时候，我们可以使用一枚变焦镜头，就能同时享受到用球形和对角线鱼眼镜头进行拍照的乐趣。由于鱼眼镜头的取景范围较大，我们要避免三脚架或者脚进入画面。

Check!

- 增加被摄体形状的趣味性。
- 活用变形效果，增强视觉冲击力。
- 明确鱼眼镜头的用途。

鱼眼镜头拥有一百八十度左右的超大视角，能刻意让被摄体产生变形。如果能够灵活运用这种畸变，我们可以得到强烈的夸张效果。

鱼眼镜头分为两种类型：对角线鱼眼和球形鱼眼。所谓的对角线鱼眼，其视场角在焦平面对角线上可达一百八十度。所谓的球形鱼眼，其视场角在焦平面内水平、垂直全方向上均能达到一百八十度。因此，用球形鱼眼镜头拍出的画面都呈现为圆形。

虽然鱼眼镜头也适用于自然效果的拍照，但是好不容易用一次，积极地利用被摄体的变形效果岂不更有趣。随着镜头中的水平线不断远离画面的中央线，变形效果会越来越明显。形状独特的被摄体随着变形程度的加深，形态大变，其视觉冲击力会不断增强。

大多数情况下，用鱼眼镜头拍出的照片凭借肉眼难以分辨。所以在实际操作中，建议一边看着相机画面，一边靠近被摄体。

正因为鱼眼镜头的畸变效果明显，所以一旦用错地方，画面就会充满违和感。先考虑清楚拍摄何种景物，再使用鱼眼镜头比较好。

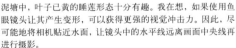

63 柔和而明亮的表现手法适合花朵样张的拍摄

就结果而言，柔和而明亮的表现手法非常适合花朵样张的拍摄。在这之中，尤其适合在春天盛开、颜色比较鲜艳的花朵。

首先，选择明亮的背景或者前景是必不可少的。如果是在春天，易于寻找色彩鲜艳的油菜花、樱花等的前散景或者后散景。

如果是在郁金香或者月季花的花坛进行拍照，只要在前散景或者后散景中放入白色或者黄色等色彩艳丽的花朵，就可以获得轻柔的表现效果。如果无法轻易找到，将多云的天空视为白色画布的背景使用也是方法之一。

另外，为了柔和表现，选择较浅的景深也是必不可少的。特别是使用长焦系列的大口径镜头，对焦点位置前后容易虚化。易于实现柔和表现。定焦镜头自不必说，如果是变焦镜头，F2.8级别

为了给人一种明亮而又柔和的春天气息，到处寻找花坛的时候，透过白色郁金香的缝隙，看到色彩鲜艳的郁金香正翘首以盼。在这样的表现中，寻找被摄体成为了关键。

【摄影参数】全画幅相机　70-200mm变焦镜头（200mm）　光圈优先AE模式（F2.8・1/800秒）　曝光补偿+1.3EV　ISO100　WB：日光

夏花之代表—莲花的花蕾。虽然莲花是夏花，但是想通过它，给人留下一种轻松柔和的印象。因此，多次通过最大光圈拍摄背景里面盛开的花朵。再加上周围的散射光，给人的印象就更显柔和了。

【摄影参数】4/3画幅相机　40-150mm变焦镜头（150mm/35等效焦距为300mm）　光圈优先AE模式（F2.8・1/320秒）　曝光补偿+0.3EV　ISO100　WB：日光

Check!

- ▶ 寻找明亮的背景或者前景。
- ▶ 阴天有时也能排上大用场。
- ▶ 应该选择长焦镜头的最大光圈。

的光圈最为合适。在近距离拍照，将被摄对象作为前散景纳入画面，并用最大光圈拍照时，可以使画面的表现更为柔和。

中长焦的微距镜头也适合这类表现。一般情况下，镜头和被摄体的距离越近，景深越浅。如果可以将镜头靠近被摄体，就要加以利用，近距摄影独有的柔和表现将成为可能。

不管是哪种场面，增加曝光补偿非常重要。一定不要忘了给人明亮而又轻快的印象。

64 在拍摄花田时，不要留有空隙

在最初拍照的地方，也就是左边的花田处，有一块没有花的空地。因此，改变拍照位置，向花束非常密集的区域移动，最终拍出了上面的照片。在这张照片中，我们既可以感受到花田的密集，也可以感受到背景中山峦的威严气势。

【摄影参数】APS-C画幅相机　200mm变焦镜头（35mm/35mm等效焦距为52mm）光圈优先AE模式（F8 · 1/80秒）　曝光补偿-0.3EV　ISO100　WB：日光

到这样的地方，也未必只能拍出画面显得空空荡荡的照片。即便是站在这样的树丛中，仅仅将镜头前的杜鹃花放大，放于画面前方。同时，使背景中的树林隐约可见，就可以给人迥然不同的感觉。当然，前提是拍摄地点可以进入。

【摄影参数】APS-C画幅相机　16-85mm变焦镜头（22mm/35mm等效焦距为33mm）　光圈优先AE模式（F11 · 1/100秒）ISO200　WB：日光

在鸟海山的背景下，广阔的油菜花田无边无际地蔓延。原本打算用24mm的广角镜头来表现这种广阔，但是镜头前方出现了大量空隙。因此，稍微改变位置，换用70mm的焦距，只把花束密集的区域放入画面之中。

【摄影参数】全画幅相机 24-70mm变焦镜头（70mm） 光圈优先AE模式（F8 · 1/125秒） ISO100 WB：日光

Check!

- 在拍摄花田时，不要留有空隙。
- 往场面密集的地方移动。
- 试着更换镜头也是方法之一。

以雄壮的山脉为背景，无边蔓延的油菜花田和荞麦田……。广阔无垠的花田具备宏大的规模，是令人向往的拍摄目标。在拍摄这样的花田时，有需要注意的事项，那就是尽可能地不要在花田中留有空隙。

如果是作为强调，刻意留出空隙，那么另当别论。除此之外，无意之中『闯入』画面的空隙，可能会严重影响整体的密集感。特别是在画面的前方，如果出现大的空隙，光是那个地方就会显得过于明显。整个场景画面可能会因此给人以稀稀散散的印象。

为了不出现空隙，认真考虑摄影位置，尽可能将没有空隙的场景放到画面前方，抱着这样的目的去进行调整。当然，前提是拍摄地点要进得去。

如果在使用广角镜头时，画面难免出现空隙，那就尝试另外一种方法—更换镜头。使用擅长取景的长焦镜头或者标准镜头，我们不仅可以避开有空隙的画面，还可以轻松地把目标全部放到密集感强烈的部分。

65 以形单影只的花为目标

Check!

- 寻找和周围颜色不一样的花。
- 一枝独秀的花也能成为被摄对象。
- 利用前散景构图。

在寻找形单影只的花朵时，还需要一定的经验。与其在花坛的最前方寻找，还不如在稍微靠里的花丛中寻找形单影只的花束来得更加容易。在拍摄花朵时，具备这种经验比较好。

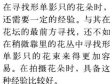

在花坛前方的草坪中独自盛开的蒲公英。独自盛放的姿态令人印象深刻。把镜头放到贴近地面的高度，让背景中的所有花形成对比，让图像拥有更好的色调。

【摄影参数】全画幅相机 70-200mm变焦镜头（200mm） 光圈优先AE模（F4 · 1/200秒） 曝光补偿+1.0EV ISO125 WB：日光

在黄色郁金香中，发现了一朵突然冒出来似的、独自绽放的橙色郁金香。好一朵表现欲强烈的郁金香，为了将它突出表现，特意选择较低的拍摄位置进行拍摄。

【摄影参数】全画幅相机　70-200mm变焦镜头（200mm）　光圈优先AE模（F4・1/200秒）　曝光补偿+1.0EV　ISO125　WB：日光

要想拍出的花让人印象深刻，对被摄体的观察非常重要。特别是在活用散景进行摄影的场合，更不用说。甚至可以这样说，选择哪朵花作为被摄主体，决定了整张照片的效果。

就位置而言，目标应放在形单影只的花束上。通过和其他花的对比，可以让人感受到那种孤独感，可以提高图片的故事性。周围没有其他花朵，容易引人注目是它的优势之一。

如果选择花团锦簇的地方，相机对被摄主体以外的对象对焦也是经常发生的事情。一旦发生这样的情况，观者的视线就会被误导，就会变得不得要领，被摄主体也会变得不明确。

远离花田和花坛，在群落中一枝独秀、或者唯独颜色与众不同的花朵等也是适合的被摄主体。当然，没必要只拍一朵花时，拍一束花也无妨。

根据拍摄场景情况，将被摄主体以外的花朵在前散景中隐藏起来，从外形上看起来形单影只的表现手法也就成为可能。

66 寻找能映衬色彩的前散景

在软条樱花盛开的山间小路上行走时，透过眼前软条樱花的枝头，发现了樱花和山桃组成的美景，于是果断地将眼前的软条樱花作为前散景。如果你只是觉得眼前的软条樱花碍事，就很可能无法得到这么有情趣的画面。

【摄影参数】全画幅相机　70-200mm变焦镜头（200mm）　光圈优先AE模（F2.8 · 1/2000秒）　ISO 200　WB：日光

仅仅盯着被摄体进行拍照，有时候会让拍出的照片显得平庸。此时，利用前散景，我们就可以让图片获得更为丰富的色彩表现力。『说起来简单，做起来就难了……』你如果这样想的话，那就大错特错了。说不定，能作为前散景的对象就在离你很近的地方。

例如，打算拍摄画面深处的软条樱花时，其他的樱花枝条却在眼前交叉重叠。在这种时候，是将眼前的枝头视为一种妨碍加以回避，还是将其作为前散景加以利用，照片的色彩表现将大为不同。如果是近距离拍摄花朵，那么把画面深处的一两朵花作为主角，将镜头最前方的花作为前散景加以利用，也是可以的。

在可以作为前散景加以利用的被摄体中，脚下的场景往往是最容易被忽视的。平时拍照都是站着拍，视线高度决定了我们很难察觉到：脚下的被摄体也可以作为前散景加以利用。如果从非常低的位置去观察，我们就会发现：脚下的被摄体似乎也可以当作前散景，并且寻找前散景并没有那么难！总之，经验的积累是非常重要的。

近距摄影进行不久，稍微往后退了几步，发现了脚下的油菜花。头脑中立马冒出了将此作为前散景的想法，放低摄影位置进行拍照。这个例子向我们证明：即便是在离我们很近的地方，也能找到作为前散景的被摄体。

【摄影参数】全画幅相机　70-200mm变焦镜头（122mm）　光圈优先AE模（F2.8 · 1/3200秒）　ISO200　WB：日光

Check!

- ▶ 环视周边，就能找到前散景。
- ▶ 镜头前的花朵方便作为前散景。
- ▶ 即便在脚下，也有前散景的存在。

在近距离拍摄花朵时，比较容易寻找前散景。将画面最前方的花朵放入前散景，将画面深处的花朵作为主角。如果可行的话，最好选择能让画面中的花朵重叠表现的摄影位置。

【摄影参数】4/3画幅相机　12-100mm变焦镜头（100mm/35mm等效焦距为200mm）　光圈优先AE模式（F4 · 1/1000秒）　曝光补偿-0.3EV　ISO 200　WB：日光

67 圆点散景—展现华丽场面的重要手段

图片背景中出现的圆点散景，就是所谓的圆点散景。让圆点散景散布于被摄主体的背景中，一下子就能让画面变得华丽不少。但是，你可能会想，圆点散景有那么容易找到吗？

一说到圆点散景，大概人们都会想到水面闪闪发光的光斑。在逆光条件下观察湖沼等，就会看到阳光照射到水面后，闪闪发光的场景。将这种场面放入背景之中，再加以虚化，就形成了圆点散景。如果被摄体位于水边，那么一定要去寻找可以作为圆点散景的素材。

但是，圆点散景只是水边的被摄体才独有的吗？答案是否定的，在除了水边以外的其地方也能找到。在逆光条件下，透过树丛缝隙观察若隐若现的天空以及具有光泽的山茶等树叶时，所看到的太阳光斑等都可以作为圆点散景。明白这一点之后，那么即便是在附近的公园，也能轻松找到作为圆点散景的素材。

找到可以作为圆点散景的素材之后，单纯地将其散布于被摄主体的周围是远远不够的，还要考虑它的分布和形状。大多数情况下，既具有节奏感又拥有好看形状的圆点散景可以提升图片的故事性。

Check!

- 在反光的水面可以找到圆点散景。
- 树丛间的缝隙也可以作为圆点散景。
- 慎重布局，提高图片的故事性。

植物园中正在盛放的莲花升麻。背景中的圆点散景是透过树缝看到的天空。对于在树荫下盛开的莲花升麻，其实也很容易找到作为圆点散景的素材。因为找到了形状颇佳的圆点散景素材，因而将其散布于花束的周围，进行布局。

【摄影参数】全画幅相机　105mm微距镜头　光圈优先AE模式（F8・1/160秒）　ISO200　WB：日光

如果不仔细观察，是很难找到圆点散景的。树丛间的缝隙，湖沼水面上的光斑，涨满水的田，排水沟中水所反射出的光斑等都可以作为圆点散景的素材。除了树丛的缝隙之外，也可以在背光条件下找到其他的圆点散景。以下图片是在给花拍照的时候，努力想要找到背景的案例。

如果提到湖面的光斑，那是再好不过的圆点散景素材了。这两幅图是绕着杜鹃花盛开处的池塘拍照时发现的场景。在逆光条件下，波光粼粼的瞬间，拍下了几张照片。不久之后，水面又回归了平静。

【摄影参数】全画幅相机 70-200mm变焦镜头（195mm）光圈优先AE模式（F8 · 1/320秒） 曝光补偿+0.7EV ISO100 WB：日光

68 预先构图模式下拍摄樱花吹雪

樱花的拍摄也有尾声，那就是樱花如吹雪般大量飘落的时候。此时花期已过，四处飞散的樱花格外有情调。我想不管是谁，都会想要拍下这样的场景吧！

在拍摄樱花吹雪的时候，预先构图是关键。试着观察随风飘落的樱花，我们可以在某种程度上把握风向。为了构图，我们要在风刮往的方向尽可能多地留有空间。并且，要选择树林或者森林等较暗的场面作为背景。

在高速连续摄影之前，要设定好驾驶模式。一旦风势变强，樱花四处飘散，就要把握住时机，果断按下快门。在拍到形态和密集感较好的镜头之前，尽管尝试多拍几次。如果樱花和背景的颜色接近，那么如吹雪般漫天飞舞的樱花将得不到突出表现。因此，选择较浅的景深，拍出好照片的几率要高一些。

Check!

- ▶ 读懂风向，留出空间。
- ▶ 选择较暗的背景。
- ▶ 高速连续摄影能派上大用场。

在盛开的软条樱花旁边，花期已过的东京樱花开始凋谢。这个时候的风向是从左往右。因此，在东京樱花的右侧留出空间，把握时机进行拍摄。

【摄影参数】全画幅相　70-200mm变焦镜头（160mm）　光圈优先AE模式（F2.8·1/3200秒）　曝光补偿+0.7EV　ISO100　WB：日光

69 在拍摄花朵时，对花蕊对焦是常识

在家中盛开的七瓣莲。对焦点位置当然在花蕊上。由于是手持摄影，为了找到正确的对焦位置，前后移动身体，看到焦峰之后，按下了快门。

【摄影参数】 全画幅相机 105mm微距镜头 光圈优先AE模式（F4 · 1/640秒） ISO100 WB：日光

除了有特殊意图外，在拍摄花朵时，对花蕊对焦属于常识。如果不对花蕊正确对焦，就会给人缺乏朝气、不合节拍的印象。

因为是使用微距镜头摄影，一旦近距离拍照，图片的景深就会变得很浅，所以进行严格的对焦调整是必须的。如果能使用三脚架拍摄的话，建议使用实时取景模式。在手持拍摄时，用对焦环完成对焦后，通过位置的前后移动，就能轻易实现对焦点位置的微调，方便进一步调焦。另外，为了让花蕊进入景深内部，适当地缩小光圈可以起到很好的作用。

如果是为了表现水滴或者花瓣的场合，就没有必要对花蕊进行对焦了。如果是想平平常常地拍一些花朵，就不要忘了画龙点睛，对花蕊进行对焦。

Check!

- 把对焦点放在花蕊上是常识。
- 使用三脚架拍摄，建议使用实时取景模式。
- 如果是手动拍摄，自己要一边移动一边对焦。

70 使用超低速快门，将水面反射的色彩与水流融为一体

快门速度：1/200秒

快门速度：1秒

速度为1/200秒和1秒的快门的差别就在这个程度。即便是只用1秒左右的低速快门，也可以体现出水的流动状态，以及水面反射的色彩开始与水流融为一体的场景。

【摄影参数】4/3画幅相机　12-100mm变焦镜头（57mm/35mm等效焦距为114mm）　曝光补偿+0.7EV ISO200 WB：日光

从逆光的角度看溪流，就可以发现水面上树木的绿色倒影。使用偏振镜和中灰镜的镜头组合，用13秒的超低速快门摄影，拍出的画面让人觉得水中倒入了绿色颜料一般。

【摄影参数】全画幅相机　70-200mm变焦镜头（153mm）　光圈优先AE模式（F16 · 13秒）ISO100 WB：日光

在天气晴朗的傍晚，尝试使用30秒的超低速快门进行拍照。海水倒映出的天蓝色，在超慢快门的辅助下，与海水融为一体，形成了浓浓的蓝色海水。

【摄影参数】APS-C画幅相机　24-70mm变焦镜头（35mm/35mm等效焦距为52mm）　光圈优先AE模式（F11 · 30秒）　曝光补偿+1.0EV　ISO100 WB：日光

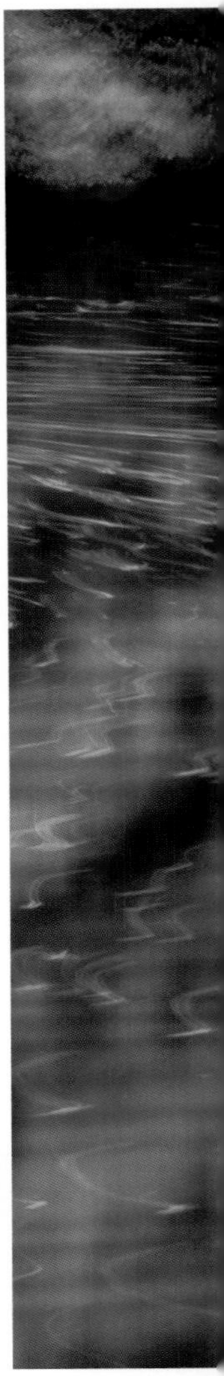

水面的红色是对岸的枫叶在水中的倒影。由于当天的光线非常好，使用ND400中灰镜，以25秒的超低速快门进行拍摄。从效果来看，池塘被前所未见的颜色所浸染。水面也显示出落叶微动的痕迹。

【摄影参数】全画幅相机 70-200mm变焦镜头（100mm）光圈优先AE模式（F16 · 25秒）曝光补偿-0.3EV ISO100 WB：日光

在拍摄水的时候，需要经常注意的是快门速度。换句话说，快门速度的设置很大程度上决定了水的表现。

水的流动方式和静止形态是表现水流的主要手段。以静态形式表现水流时，超低速快门非常具有吸引力。这是因为用低速快门捕捉变换不断的水流可以描绘出人眼或者视频中无法看到的世界。一般情况下，不停波动、闪闪发光的水面通过低速快门的拍摄，可以获得丝绸一般柔和的质感。一般情况下，快门速度低于1/15秒时，低速快门的威力开始显现。

如果使用超过10秒的超低速快门，水面反射的颜色和水流融为一体。看到的效果就好比是水中加入了颜料一般，水的颜色会变得非常浓厚。为了达到这样的表现，浓度较高的中灰镜的使用是不可或缺的。如果是在光线较好的白天进行拍照，建议使用ND400这样的9档减光中灰镜。

Check!

- 以超低速快门将色彩与水融为一体。
- 10秒以上的快门速度非常有效。
- 使用ND400等浓度较高的中灰镜。

71 使用1/30秒的快门速度，表现水面光的形态美

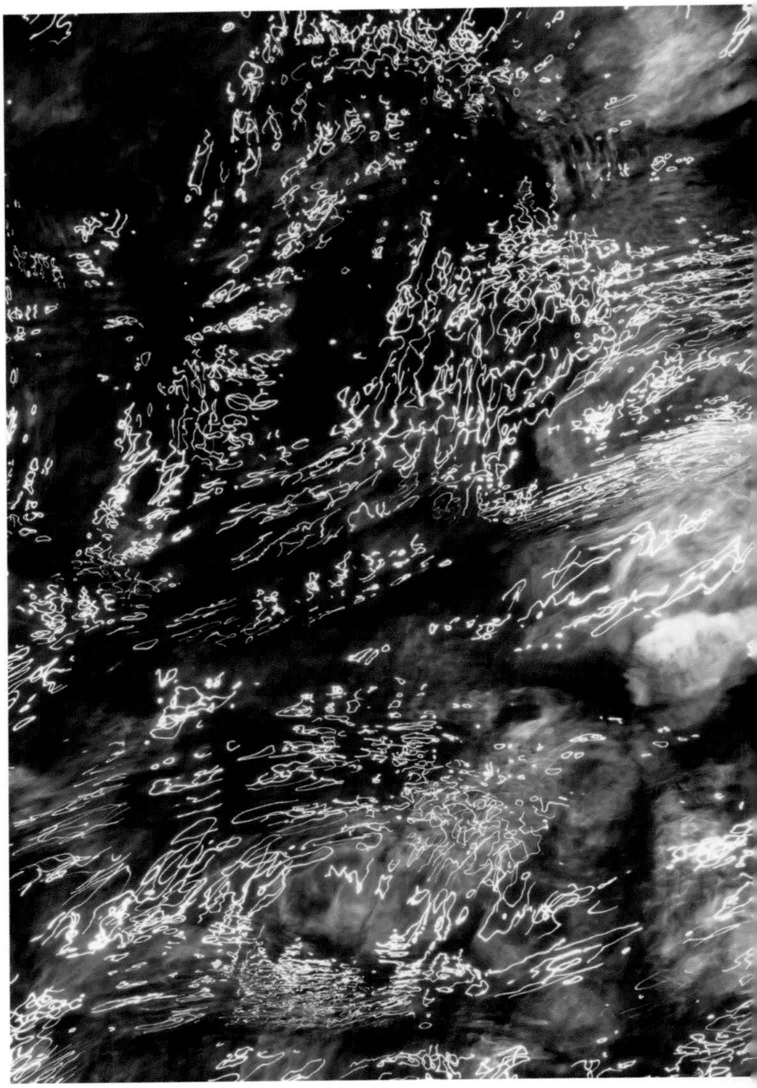

在光圈优先AE模式下摄影时，既要决定光圈值，又要把握快门速度。为了让快门速度变为1/30秒，按照光圈值、ISO感光度、曝光补偿值的顺序来决定曝光。

【摄影参数】全画幅相机 70-200mm变焦镜头（70mm） 光圈优先AE模式（F11 · 1/30秒） 曝光补偿-0.3EV ISO200 WB：日光

在整个画面中，光的轨迹分散，抓住这样的时机，拍下了上图的照片。即便如此，还是达不到想要的结果，只能反反复复地按快门。因为使用的是1/30秒的快门速度，如果相机有防抖功能，即便是手持摄影，也能应对自如。

【摄影参数】4/3画幅相机 12-100mm变焦镜头（80mm/35mm等效焦距为160mm） 快门优先AE模式（F11 · 1/30秒） 曝光补偿-0.3EV ISO200 WB：日光

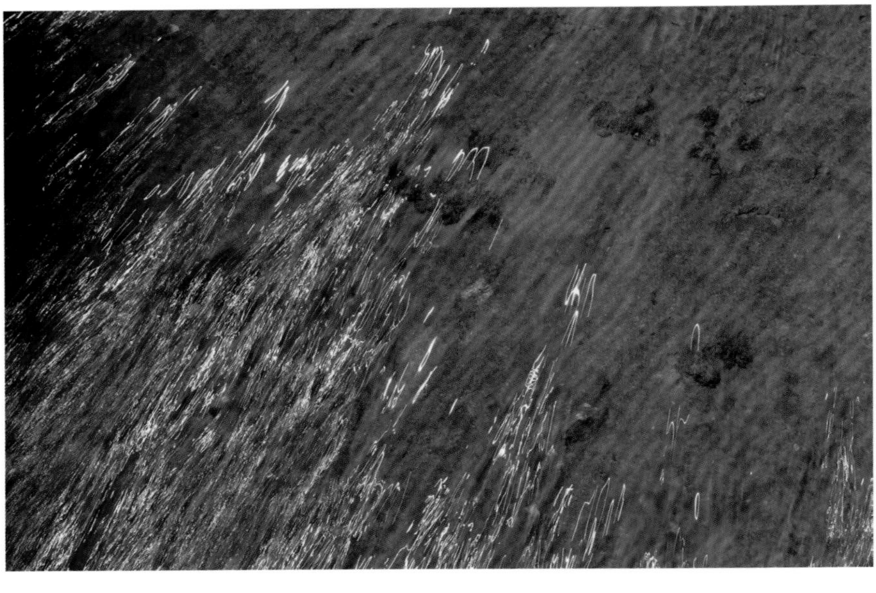

Check!

- 用1/30秒的快门速度来捕捉水面光的形态美。
- 推荐快门优先AE模式。
- 在天气晴朗的日子，可以表现光线的形态美。

在天气状况稳定的时候，为了曝光不发生变化，通过手动曝光来决定光圈大小或者快门速度。由于画面中光线的增减不会对曝光造成影响，所以能够在稳定的亮度下拍照，是其优点之一。

【摄影参数】全画幅相机　70-200mm变焦镜头（200mm）　手动模式（F8 · 1/30秒）　ISO400　WB：日光

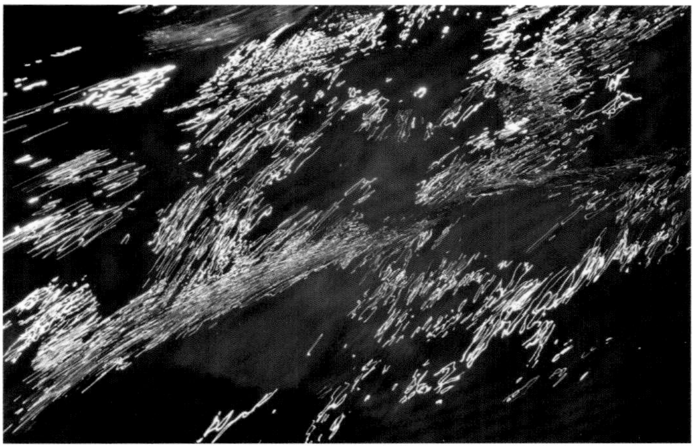

水的颜色稍带茶色，反过来光的纹路能够得到完美的刻画。仔细看右下角，给人一种光的纹路组成了阿拉伯数字的感觉，形成了一个很有趣的画面。

【摄影参数】全画幅相机　70-200mm变焦镜头（160mm）　手动曝光（F11 · 1/30秒）　ISO100　WB：日光

镜头中水的形态会随着快门速度的不同而不同。因此，正如在第70节所讲的那样，快门速度是必须特别注意的设置选项。

例如，把脚下的水面所反射出的光用线条表现出来，呈现出不可思议的形态美，大家有看过这样的照片吗？这种场面可以使用1/30秒前后的快门速度拍出来，给人一种光在跳华尔兹的感觉。这种动态是无法随意捕捉到的，我们只能通过静止的画面，来传达水和光所形成的有趣世界。

相较于阴天，好的光照条件更利于拍摄。对比度越高，光的轨迹就更清楚，图片的视觉冲击力就会更强。

在决定快门速度时，相较于凭借已选定的光圈值来决定快门速度的光圈优先AE模式，我更推荐快门优先AE模式或者手动曝光模式。但是，即便是光圈优先AE模式，只要好好把握快门速度，问题也不大。

72 使用千分之一秒的快门速度，让动态的水静下来

在水的表现中，水强有力的流动或者激烈飞溅的样子也是必不可少的表现场面。如果仅用低速快门的话，所有的表现就会变得千篇一律，所以也希望大家学会使用高速快门进行拍照。当然，如果你主要使用低速快门拍照的话则另当别论。除此之外，如果要想挑战，把水流的所有细节都呈现出来的话，那么建议你准备好足够的内存。

要想恰到好处地让动态的水静止下来，捕捉到千变万化中的一瞬间，千分之一秒以上的高速快门是必须的。假定主要的被摄体是瀑布或者类似于瀑布的流水，在这些瀑布中，要让垂直而下的瀑布在画面中静止下来，千分之一的快门速度是必须的。

近距离靠近瀑布，只对瀑布的下方取景。虽然是光圈优先AE模式，但是为了确保1/1000秒的快门速度，一边调整ISO感光度一边进行摄影。最后，使用了1600的感光度，感受不到丝毫的噪点。

【摄影参数】APS-C画幅相机　85mm定焦镜头（85mm/35mm等效焦距为127mm）　手动模式（F8 · 1/1000秒）　ISO1600　WB：日光

Check!

- 为了让动态的水在画面中静止，1/1000秒以上的快门速度是必须的。
- 即便是中午，也有必要使用高感光度。
- 让图片拥有高度快门带来的层次感。

快门速度的比较

快门速度在1/320秒左右时，画面中的水流开始呈现静止状态。使用1/1250秒的快门速度，可以清清楚楚地看到，飞溅的水流停留在画面中。

【摄影参数】4/3画幅相机　40-150mm变焦镜头（100mm/35mm等效焦距为200mm）　光圈优先AE模式　WB：日光

1/40秒（F8 · ISO800）

1/80秒（F8 · ISO1600）

使用千分之一的快门速度拍照时，即便是在光线较好的中午，为了缩小光圈，有必要调整ISO感光度。想要增大景深时，在有些条件下，ISO1600以上的感光度是必须的。话虽如此，现在的数码相机，即便是使用高感光度，也不用担心画面中噪点的出现，所以果断地使用高速快门吧。

使用1/1000的快门速度拍照时，即便是在光线较好的中午，为了缩小光圈，也有必要调整ISO感光度。想要增大景深时，在有些条件下，ISO1600以上的感光度是必须的。现在的数码相机，即便是使用高感光度，也不用担心画面中噪点的出现，所以果断地使用高速快门吧。

【摄影参数】全画幅相机 70-200mm定焦镜头（80mm）手动模式（F8 · 1/1000秒）ISO1250 WB：日光

1/160秒（F8 · ISO3200）

1/320秒（F5.6 · ISO3200）

1/640秒（F4 · ISO3200）

1/1250秒（F2.8 · ISO3200）

73 使用连续自动对焦模式，轻松捕捉水面浮动的落叶

到深秋时节，就想拍摄掉在池塘中的落叶。这些落叶要么随波逐流，要么被冲到岩石上，和人的一生非常相似。秋天这个季节，也暗示着人生过半。将秋天的落叶作为被摄对象，再合适不过了。

湖沼或者池塘里的落叶随风而动。毫无疑问，落叶的波动幅度有大有小。为了呈现这种场面，在设定自动对焦时，相较于单次自动对焦，我更推荐连续自动对焦模式。单次自动对焦模式下，一旦相机对焦完成，焦点就会被固定在某个位置。而在持续对焦模式下，相机镜头可以随着被摄对象的移动，对被摄主体持续对焦。在有些场合下，显然连续自动对焦模式更好。在那种情况下，驱动模式下的单拍和连拍都更容易进行。

在单调的色彩中，枯叶令人印象深刻。通过设置持续对焦模式，驱动模式下的单拍或者对焦区域设置都能一次性解决。

【摄影参数】全画幅相机　70-200mm变焦镜头（135mm）　光圈优先AE模式（F2.8 · 1/800秒）　ISO100　WB：日光

还有，自动对焦框选用单点对焦比较好。将落叶放于画面下方，在画面的上面展示其他的场景。在这样的构图方式下，既不用扩展对焦，又不用区域对焦，使用单点对焦的效果反而更好。

还有，相较于三脚架拍摄，手持拍摄更利于追踪被摄体。如果将相机固定在三脚架上，那么追踪流动的落叶会变得越来越困难。在手动拍摄时，如果相机有防抖功能，那么就可以安心不少。

再加之，低位拍摄时，相机更容易将背景中美丽的倒影拍进画面。然而，由于是蹲着拍摄，在跟踪落叶时，腿部和腰部的承受压力较大，希望大家能够坚持。

这也是在连续对焦模式拍下的场景。最大限度地将相机镜头贴近水面，采用实时取景模式，将背景中的倒影拍入画面，同时在落叶的周边加上太阳的光芒。

【摄影参数】4/3画幅相机 12-40mm变焦镜头（40mm/35mm等效焦距为80mm）光圈优先AE模式（F2.8 · 1/200秒）ISO200 WB：日光

Check!

- ▶ 在连续对焦模式下，拍摄水面浮动的落叶。
- ▶ 果断使用自动对焦框的单点对焦方式进行构图。
- ▶ 手持拍摄更利于追踪浮动的落叶。

74 注意白色水流，修正构图

Check!

- ▶ 利用不经意的小发现来修正构图。
- ▶ 活用溪流的白色水流进行构图。
- ▶ 不要忘了拍照后的检查。

拍摄溪流，按下快门之后，大家有没有发出『诶？』这种声音的经历呢？之所以会发出那种惊叹的声音，是因为白色的水流。当然，我们理应先意识到这种水流的存在，再加以构图。不过，话说回来，我们之所以发出惊叹，是因为我们使用了合适的快门速度，使白色水流清晰地呈现在画面中，让其在画面中有了很强的视觉冲击力。通过肉眼看的时候，白色水流并没有那么惹人注目，但是我们在使用低速快门之后，增强了白色水流的存在感，以至于让我们发出那样的惊叹声。

因此，假如你能够提前想到这一点进行构图，自然不错。但是，在开始摄影不久之后，实际上我们是无法完全做到这一点的。因此，在按下快门之后，一定要通过显示屏，确认白色水流的长度或者强度等，有没有打破画面的平衡。如果最后得出结论，白色水流打破了画面的平衡，就必须适当地修正。

正因为这样的修正在胶卷时代是无法做到的，所以要好好利用数码相机带来的好处。

走进河道，最初拍下的照片是图1。我被河床的红褐色所吸引，让河床的面积占据了画面2/3的比例。但是，拍完一看才发现，由于画面右侧的白色水流的视觉冲击力太强，导致画面的重心极大地向右倾斜。为了解决这个问题，将镜头向右移动，拍下了图2的照片。然而，画面的平衡感又遭到了破坏。于是，重新寻找摄影位置，拍下了图3。将摄影位置往右移动，白色水流从画面左侧向右侧流动，获得了预期的平衡感。在垂直方向上，将白色水流作为拍摄主体拍下的场景如下页所示。在摄影中，我们体验到了这样一种过程：察觉到白色水流的魅力、到被其吸引、再到拍下下页的照片。

【摄影参数】APS-C画幅相机　10-24mm变焦镜头　光圈优先AE模式（F16・1/2秒）　ISO200　WB：日光

75 警惕拍出的水流出现全白现象！

Check!

- 在溪流或者瀑布处摄影时，警惕出现全白现象。
- 在晴天易出现全白现象，在阴天则相反。
- 多尝试防止出现全白现象的方法。

由于使用了灰度增强功能，瀑布潭的白色部分并没有出现全白现象。不同的相机制造商，情况有所不同。但是有的相机还能更改灰度调节功能的强弱，要多加尝试。

【摄影参数】全画幅相机　18-140mm变焦镜头（90mm）　光圈优先AE模式（F11・2秒）　ISO100　WB：日光

用红色表示的部分出现了全白现象

下图和右上角的图片是同一个地方。下图是在普通模式下摄影，但是很遗憾的是出现了全白现象。在对比度较高的情况下，这样的全白现象是难以避免的。

【摄影参数】全画幅相机　18-140mm变焦镜头（90mm）　光圈优先AE模式（F11・2秒）　ISO100　WB：日光

将水作为被摄对象时，要充分警惕出现全白现象。如果全白现象出现，那部分的颜色信息就会丢失。就好比打印纸打印后，还是原来的颜色。一旦画面一端出现全白现象，全白部分和余白部分将变得难以区分等，对照片的影响非常大。

因此，接下来给大家讲一些应对方法。最简单最直接的方法就是：不要在天气晴朗、环境对比度又高的条件下摄影。溪流处很容易投下阴影，在那样的条件下拍照，全白现象难以避免。在阴天或者下雨天，环境对比度较低，拍出的照片不易出现全白现象，还能营造出宁静雅致的氛围，可以说是一举两得。

即便是想使用低速快门，也不要向下扩展感光度。这是因为，就扩展感光度而言，不管是向上扩展，还是向下扩展，其动态范围都比较小。受此影响，有时候会引起全白现象。

还有一种方法就是，使用影调扩张功能。不管是哪家公司的相机，都有影调扩张功能，能够将灰度等级提高一档或者两档。有时候仅使用这一项功能，就能消除全白现象。但是，影调扩张功能会让ISO感光度高于标准感光度，在这种情况下，有必要使用中灰镜等。

如果是RAW格式的照片，还有办法来修正全白现象，我将在115节进行介绍。

76 如果发现好看的树枝，让其从上而下覆盖画面

镜头上方的树枝，仿佛在向对面古坟上的樱花招手似的。这幅场景令人印象深刻，因此拍下了这个镜头。画面的绝大部分都被樱花的枝头所覆盖，因而照片具有很强的华丽感。还有，画面从左上到右下的枝头朝向，也为画面增添了不少动感。

【摄影参数】4/3画幅相机 12-60mm变焦镜头（12mm/35mm等效焦距为24mm） 光圈优先AE模式（F11 · 1/60秒） ISO200 WB：日光

在拍摄森林等的时候，想必大家都曾见到过枝繁叶茂的大树。在这种时候，一定要加以实践的表现手法是，让这些树枝从上而下覆盖画面。

用树枝覆盖画面上方或者周围，增加画面的华丽感。让枝头和背景形成对比，间接地展现出树枝所存在的环境。

具体而言，钻入树枝下面，选择一个可以抬头仰视的摄影位置，这是基本操作。然后，重要的是，考虑枝干的延伸方向，让图片具有开阔的视野。如果你使用的是广角镜头，通过增加距离感，可以进一步突出树枝的伸展形态。

对于树枝覆盖画面的面积大小，虽然没有硬性规定，但是要想获得足够的效果，建议其覆盖面积在2/3以上。如果只是若隐若现的程度，反而让人觉得碍事。

走进森林，找寻从上而下覆盖画面、形状也好看的枝条相对较容易。然而，即便是独自耸立的大树，环视其周围，也能够发现其他树的枝条。

在外出拍摄樱花或者红叶时，可能会觉得树枝很碍事。如果你想在表现效果上更进一步，尝试一下这样的创意，也未尝不是一件好事。

在散步道上行走的时候，发现了色彩非常美丽的红叶。因此，钻进去进行了摄影。加上这一天是阴天，画面上方的大半部分都被红叶覆盖，让人感受到了红叶的色彩之美。

【摄影参数】全画幅相机　16-28mm变焦镜头（16mm）　光圈优先AE模式（F8 · 1/125秒）　曝光补偿+1.0EV　ISO200　WB：日光

Check!

- 如果遇到形状好的枝条，要让其从上而下覆盖画面。
- 明确枝条的延伸方向，再进行构图。
- 一般要覆盖画面的2/3比较合适。

77 凭借低视角，增强感染力

一棵大树裹挟着横亘在道路旁的大石头。右图是我靠近大树根部拍下的镜头。被那种奇特的场景所吸引，因此将镜头对准了它。将树林的中心安排在画面中央稍稍靠右的位置，不仅可以增加动感，还可以展现大树为追求光照而拼命伸展的姿态。

【摄影参数】全画幅相机　16-35mm变焦镜头（16mm）　光圈优先AE模式（F11 · 2.5秒）　曝光补偿-0.3EV　ISO100　WB：日光

Check!

- 要想表现出图片的感染力，那就使用超低视角。
- 沿着底部到顶部的方向拍摄。
- 低视角三脚架是必须的。

矗立在八甲田山中，宛如森林之主的巨树。为了表现出那种威风凛凛的魄力，选择超低视角进行拍摄。将大树放到画面中央，恰到好处地增加了稳定感，给人一种堂堂正正的压迫感。

【摄影参数】全画幅相机　14-24mm变焦镜头（14mm）　光圈优先AE模式（F11 · 1/3秒）　曝光补偿-0.7EV　ISO100　WB：日光

将根埋进大地，向天伸展的大树，让人感受到了其顽强的生命力。将树的生命力作为表现主题的摄影并不在少数。

然而，如果只是以普通方式去拍摄，不但不能表现大树生命力的顽强，还会给人平庸无奇的感觉。假如被摄体是巨树，情况更是如此。

为了表现出大树的气势和生命力的顽强，使用广角镜头，从低视角拍摄，将会颇有成效。如果有可能的话，尽可能靠近树的根部。在较低的位置向上仰视，将树的底部到枝头的范围都放入对焦框是关键。通过广角镜头，近距离地放大树木根部，将枝头拍小，可以强调距离感。通过这种方式，可以表现出大树从大地向天空延伸的磅礴气势。

因为是在光线较暗的森林中拍摄，手持摄影有其局限性。为了保证树木的画面质感，尽可能不要提高ISO感光度。因此，建议大家使用低视角三脚架。如果显示屏是可变拍摄角度类型，就不用故意保持特定姿势，专注于摄影。

还有，为了提高清晰度，有必要充分拉近焦距。从细微处来展现树干的画面质感和叶子的细节，既能增加画面的临场感，又能表现其顽强的生命力。

78 充分利用令人印象深刻的树干和树枝的形状

Check!

- 寻找形状好的树并加以利用。
- 作为主角直接表现。
- 将枝干纳入背景中，可以极大地丰富画面。

间接利用树干形状拍下的镜头。在拍摄树枝红叶的时候，注意到外形较好的树枝轮廓，进行了拍摄。在这种时候，微微调整摄影位置，经过慎重考虑，决定打造红叶和背景中枝干的重合效果。

【摄影参数】全画幅相机　70-200mm变焦镜头（145mm）　光圈优先AE模式（F4 · 1/320秒）　曝光补偿+1.7EV　自动ISO（ISO250）　WB：日光

直接将树干的形状纳入镜头。在夕阳下，并排站立的树木井然有序，震撼人心，因而对其拍照。想要原原本本地表现处树干的轮廓，选择了加深阴影部分的曝光。

【摄影参数】中画幅相机　120mm微距镜头（35mm等效焦距为95mm）光圈优先AE模式（F11 · 1/20秒）曝光补偿+0.7EV　ISO100　WB：日光

如果发现令人印象深刻的树木或者枝头，一定要积极加以利用。例如，在拍摄傍晚的星空时，仅仅是在宽阔的地带拍照是远远不够的，拍出的照片会显得平庸无奇。更何况，如果连云都没有，那就更没有什么趣味可言。这恐怕是很多业余拍照者正面临的窘境。在这种时候，将排列整齐的树列或者树枝的形状作为轮廓纳入画面，立马就会提高画面的冲击力。

在利用树干或者枝头的时候，不能只将其视为主角。将其作为配角的价值也很高。例如，在拍摄红叶的一部分时，在背景中放入其他的树枝，也能起到很好的效果。完全不在乎背景中的枝条，则另当别论。除此之外，你将其视为一种障碍，还是视为一种有趣的场景加以有效构图，所拍摄的画面将会拥有不一样的效果。如果能发现令人印象深刻的树枝轮廓，将其作为配角放入画面，就可以形成形状以及颜色上的对比。

在背景中放入树或者枝干的形状时，必须要注意光圈值。在背景明亮的情况下，枝头过细，光圈开到最大时，有时候就无法表现出难得一见的形状。在必要的时候，控制光圈，恰到好处地展示枝头的形状。

79 仰拍森林或者树林的时候，注意汇聚点

这些图片全都是在同一片森林中，使用超广角镜头拍摄的镜头。正如本文所述的那样，每幅图片都是改变了树木汇聚点的位置而完成拍摄。相机的轻微倾斜或者摄影位置的不同，画面给人的印象将大为不同。进入森林向上仰视时，想要怎样表现，想要给人怎样的感觉，据此来选择树木的汇聚点较好。

【摄影参数】全画幅相机　18-35mm变焦镜头（18mm）　光圈优先AE模式（F11 · 1/200秒）　ISO100　WB：日光

向上高耸的树林中，发现了色彩格外美丽的红叶。在森林的深处，想要拍出色彩斑斓的镜头。将树木的汇聚点放到画面外，让人感受到超乎视觉的森林的幽深。

【摄影参数】全画幅相机　24-70mm变焦镜头（24mm）　光圈优先AE模式（F11 · 1/6秒）　曝光补偿+0.7EV　ISO100　WB：日光

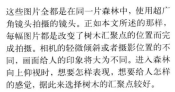

想要表现出落叶松林的气势，配上太阳的光线进行摄影。汇聚点位于画面上方内部。周围的树木包裹着汇聚点而向上伸展。让人感受到了树木向上伸展的样态。

【摄影参数】全画幅相机　12-24mm变焦镜头（12mm）　光圈优先AE模式（F11・1/40秒）曝光补偿+0.7EV　ISO640　WB：日光

Check!

- ▶ 画面内上方的汇聚点可以表现树木的伸展形态。
- ▶ 画面外的汇聚点可以让人联想到画面的高度。
- ▶ 画面中央的汇聚点可以增强稳定感。

进入落叶松林或者杉树等直立的树林深处后，首先要向上仰视。会看到什么呢？树木的线条在向上汇聚。树木的线条向上汇聚的那一点就是汇聚点。将汇聚点放在什么位置，搞清楚这一点，就可以极大地改变观者的印象。

首先，先看上一页的作品案例。进入冬季落叶松林里向上仰视看到的画面。为了形成各种不同的汇聚点，改变相机的拍摄角度进行拍照。图1是将汇聚点放于画面中央。图2和图1虽然非常相似，但是图2的汇聚点延伸到了画面外部，因为无法直接看到汇聚点，可以让观者联想画面外树木的高度。图3将汇聚点放在了中央，给人非常强的安定感。图4和图1的汇聚点几乎在同一位置，但是线条的收束方向不一样，图4的动感要强得多。

适当改变相机的拍摄角度，就能改变照片给人的印象。在画面中充分展现自己的构思吧！

80 顺光可以映射出被摄对象原有的色彩

所有照片都是在顺光条件下拍摄而成。樱花淡淡的色调、有天鹅的蓝天、橘红色朝阳照射下的红叶侧面等，顺光可以展现出各个被摄对象所带有的色彩。

【摄影参数】
1. 全画幅相机　24-70mm变焦镜头（34mm）光圈优先AE模式（F8 · 1/200秒）　ISO200　WB：日光
2. APS-C画幅相机　16-85mm变焦镜头（45mm/35mm等效焦距为67mm）　光圈优先AE模式（F8 · 1/150秒）　曝光补偿-1.0EV　ISO100　WB：日光

所谓顺光，指的是从正面照射被摄对象的光。在顺光拍摄时，太阳位于人的后方。太阳光从正面照射被摄对象时，相机很难拍到投影。因此，顺光拍摄时，图片无法获得立体感，经常为人所诟病。但是，顺光也有顺光的优点。

顺光的优点就是呈现被摄对象的色彩。不管是樱花还是红叶，都能够正确地展现出它们本来的颜色。合适的环境对比度也是其优点之一。顺光条件下获得的对比度，不高不低，能反映人眼所看到的真实场景。

在顺光条件下，要留意被摄对象的颜色。不管是单色还是多色，被摄对象美丽的色彩都可以通过顺光得以实现。

在顺光条件下拍摄的照片缺乏立体感，很容易显得平庸无奇。为了不让照片显得过于乏味，建议大家在构图和色彩搭配上多下功夫。

Check!

- 因为顺光是从正面照射，所以照片缺乏立体感。
- 展现被摄对象原有的色彩。
- 单色或者多色等，要多加留意。

81 逆光拥有高对比度，能给予我们很好的视觉冲击力

所谓的逆光，就是从被摄对象后方照向镜头的光。太阳光位于拍摄者的正对面，并且早晚的时候更易获得逆光。被摄对象易于留下投影，照片对比度也较高。

逆光可以将被摄对象以轮廓的形式表现出来。在早晚的海边等，以朝霞或者晚霞作为背景，将形状千奇百怪的岩礁或者树木以轮廓的形式表现出来，可以让我们获得强大的魔幻效果。在这种情况下，抓住阴影部分是关键。

新绿或者红叶等被摄对象，可以透过阳光，呈现出半透明状态，让照片呈现出透视感。在背景中容易布置圆点散景也是逆光的一大特点。

将镜头对准太阳的方向，容易产生光的衍射现象或者有害光。遮光罩自不必说，有时候还可以根据情况，采取用手遮挡等措施。

Check!

- 对比度高，视觉冲击对象力强。
- 逆光可以呈现被摄对象轮廓。
- 踏踏实实制定好抗有害光的对策。

1 位于海边的岩礁地带的朝阳或者夕阳非常魔力。活用逆光，可以让我们获得很强的视觉冲击力。还有，像图2一样，在森林中仰视时，我们所见到的光多为逆光。背景中的圆点散景就是阳光穿过林间缝隙形成。仅凭景物的轮廓，照片就可以给人留下深刻的印象。

【摄影参数】
1.全画幅相机 70-200mm变焦镜头（200mm） 光圈优先AE模式（F16 · 5秒） 曝光补偿-1.0EV ISO32 WB：日光
2.APS-C画幅相机 50-140mm变焦镜头（58mm/35mm等效焦距为88mm） 光圈优先AE模式（F2.8 · 1/2200秒） 曝光补偿-0.3EV ISO800 WB：日光

82 侧光可以展现被摄对象的立体感和形态

*1*侧光的照射方向和树的排列方向一致，被这幅场景所吸引。*2*带有春意，又显柔和的侧光将光辉温柔撒向樱花树。不管是哪个场面，其立体感都得到了呈现。

【摄影参数】
1. 全画幅相机　70-200mm变焦镜头（82mm）　光圈优先AE模式（F8 · 1/100秒）　曝光补偿+0.7EV　ISO100　WB：日光
2. 全画幅相机　70-200mm变焦镜头（125mm）　光圈优先AE模式（F11 · 1/60秒）　曝光补偿-0.3EV　ISO200　WB：日光

Check!

- 可以表现出被摄对象的立体感。
- 不过高的对比度。
- 让人们感受风景本身。

所谓的侧光，就是从被摄对象的左边或者右边照来的光。太阳位于拍摄者左边或者右边时，夏天的早晨到中午、下午到傍晚以及冬天的中午时分，都易于获得侧光。虽然有一定程度的对比度，但是不会太强。

因为太阳光是从被摄对象的侧面照来，会让被摄对象留下投影。因此，可以最大限度地表现出被摄对象的立体感。特别是在拍摄山脉等壮观的景致时，通过侧光来表现立体感是关键。如果呈现不出山脉的立体感，其景色也会大打折扣。

还有，光照部分和阴影部分相互交错，也增强了光本身的存在感。因此，侧光还能轻易地呈现景物的形态。在上午或者下午等易于获取侧光的时间段，建议大家积极去寻找。

83 散射光—对比度低，可以让人沉静的柔性光

2

Check!

- ▶ 以柔和表现为目的的光。
- ▶ 可以表现瀑布或者溪流的细节。
- ▶ 可以让人感觉到雾天或者下雨天的潮湿感。

不管是烟雾弥漫的湖沼，还是溪流或者森林深处的细节，通过散射光都能进行有效表现。它是最适合表现日本这种湿润气候下的空间立体感的光线。如果是在阴天或者下雨天等天气条件下，建议大家积极地以溪流、森林、大雾为目标。

【摄影参数】

1. APS-C画幅相机　16-85mm变焦镜头（22mm/35mm等效焦距为33mm）　光圈优先AE模式（F8・1/80秒）　曝光补偿-0.7EV　ISO320　WB：日光

2. 全画幅相机　24-70mm变焦镜头（28mm）　光圈优先AE模式（F11・1/2秒）　曝光补偿-0.3EV　ISO200　WB：日光

所谓的散射光，指的是从各个方向照向被摄对象的光线。它是一种在阴天或者下雨天等乌云密布的天气，太阳光穿过云层发生扩散的现象。散射光的对比度低，照片不易出现阴影部分的全黑现象或者高亮部分的全白现象。它能够细致地展现风景的细节。

在散射光条件下，景物的色彩饱和度低，画面不会显得鲜艳而华丽，可以给人一种沉静祥和的感觉。虽然无法得到太阳光般的视觉冲击力，但是画面明暗差较小，对比度较低，可以进行柔和表现。

『花阴』这个词也很好地诠释了花开时应有的氛围。如果用亮色调来表现场面的话，也可以体现出摄影者柔和而又优雅的心境。还有，在瀑布、溪流和森林等处，高对比度的强光无法完全表现出被摄对象的细节，而散射光可以做到。

84 点状光，明暗的对比度强，具有视觉冲击力

即便是暗处的风景也有被点状光照到的时候。透过林间缝隙或者云缝的光自不必说，斜射光带来的点状光也有。不管是哪一个场景，太阳光变化较快，所以要快速摄影。

【摄影参数】

1. 全画幅相机　70-200mm变焦镜头（200mm）　光圈优先AE模式（F8・1/60秒）　曝光补偿-1.0EV　ISO100　WB：日光

2. APS-C画幅相机　50-140mm变焦镜头（83mm/35mm等效焦距为128mm）光圈优先AE模式（F2.8・1/640秒）曝光补偿-1.0EV　ISO800　WB：日光

Check!

- 富有表现力，视觉冲击力强。
- 光线的变化很快，要快速摄影。
- 减少曝光补偿是基本要求。

所谓的点状光，就是只能照到被摄对象一部分的光。在多云但是有太阳照射的情况下，经常可以见到点状光。相似的光线有微缝光或者曙暮光。

一旦点状光照射到宏大风景的关键景点上，图片将会富有极强的感染力和视觉冲击力。但是，云层不会按着摄影者的意愿移动。不过，如果好好观察的话，能在某种程度上预测点状光的照射位置。预测云的移动方向之后，首先设置预先构图模式。然后把握好时机，在拍出满意作品之前，多尝试几次摄影。

减少曝光补偿是基本要求。即便是阴影部分变成轮廓，稍微变成暗调，光照部分也要进行适当地修正。

85 缩小光圈，表现光线条！

从太阳处呈放射状延伸出来的美丽线条……。光线条是照片独有的表现形式之一。虽然镜头对准太阳会遇到逆光，但是可以直接将太阳纳入画面内，在画面中呈现出放射状的线。这是其一大特征。

为了产生美丽的线条，拉近焦距是非常重要的。具体的光圈值因镜头而异。一般将光圈调整到F16或者F22比较好。有的镜头在F8左右的光圈值下，也能呈现美妙的光线。光条的形状取决于使用的镜头，利用手中已有镜头进行实际摄影时，要加以确认。

将太阳直接纳入画面，需要注意以下事项。绝对不要使用光学取景器，要使用实时取景模式。如果是镜头有防逆光的镀膜，还能减少光的衍射现象或者耀斑，一定要牢记。

在想要强调光线的时候，使之隐约可见比较好。光线条在树干上美丽地伸展开来。然后，需要充分拉近焦距。在这种场面下使用镜头，用F11的光圈就可以拍出美丽的光线条。

【摄影参数】**1.** 全画幅相机 16-35mm变焦镜头（16mm） 光圈优先AE模式（F11 · 1/20秒） 曝光补偿+1.0EV ISO640 WB：日光

Check!

- 要想拍出优美的光线条，就要拉近焦距。
- 让太阳若隐若现，可以产生很好的拍摄效果。
- 光条的形状取决于镜头。

86 加装滤镜，减亮度小者优先

在拍摄瀑布或者溪流时，外部光线太强，手头已有的减光镜或许无法让我们获得理想的低速快门。这种情况下，就不得不考虑额外加装减光镜。那么，大家知道其安装顺序吗？

正确顺序是：首先应该安装ND8等减亮度较小的减光镜，然后再加装ND16等减亮度较大的滤镜。最大限度地减少进光量，可以防止镜头内部的光线反射。将ND8和ND16叠加在一起，就相当于拥有了ND128的滤镜。并且，在加装减光镜的时候，图像的四角可能会受到滤镜边框的限制。此时，若使用的是变焦镜头，将其调整为长焦焦段，可以有效避免这种情况。请大家牢记。

在溪流处拍照时，想消除水流的具体形态，给人梦幻般的视觉体验，只凭ND64是无法实现的。因此，在原来的基础上加装ND8的减光镜。在加装滤镜时，将减亮度大的装在靠近被摄对象一侧。

【摄影参数】4/3画幅相机 12-100mm变焦镜头（61mm/35mm等效焦距为122mm）光圈优先AE模式（F8 · 15秒）曝光补偿+1.0EV ISO200 WB：日光

Check!

- 如果减光镜的减亮度不够，可以额外加装。
- 将减亮度大的减光镜放在靠近被摄对象一侧。
- 叠加后的减亮度按照乘法计算。

87 在没有定时快门线时，用自动定时器代替

怎么会忘了定时快门线，真是荒谬！如果那样的话，是不配做一名风光摄影爱好者的。什么？坏了？那就没有办法了。既然如此，那就采用替代方案解决问题吧！

在使用三脚架摄影时，有时候会出现定时快门线丢失或者出现故障而无法使用的情况。发生这样的情况时，我们该怎么做呢？当然，你可以选择手动按快门，但是可能会引起相机抖动。碰到这种情况，要果断地选择使用自动定时器摄影。

通过个性化设置，将自动定时器的反应时长设定为两秒。摄影时，手动按下快门按钮，然后立即松开手。等两秒之后，相机抖动停止，相机开始拍照。如果你担心两秒时间不够，那么设置为五秒也无妨。自动定时器和定时快门线相比，其缺点在于无法选择拍照时机。因此，只建议大家在紧急情况下使用。

Check!

- 可以用自动定时器临时替代定时快门线。
- 在菜单中，将时间设置为两秒。
- 在按下快门按钮后，立刻松开手。

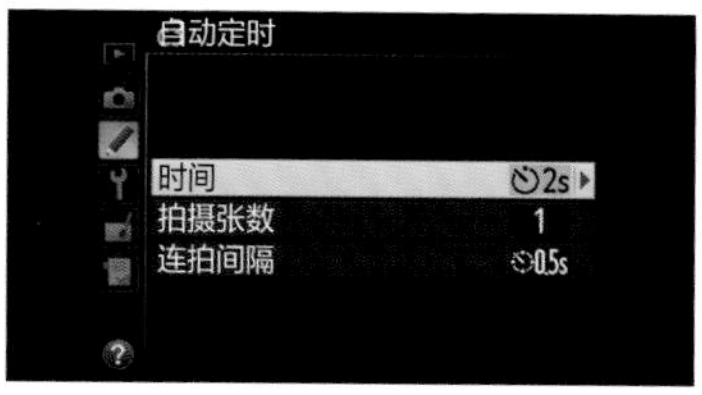

在用自动定时器摄影时，提前将反应时长设定为两秒。摄影时，按下快门按钮之后，立马将手从相机拿开。有的相机制造商还支持镜像升级，建议大家好好利用。

88 贵重的三脚架从粗脚管开始，结实的三脚架从细的开始也无妨

有这样一种说法：一般情况下，三脚架脚管的伸展先从粗的开始。特别是，使用便携性的小型轻量三脚架时，不遵守这个规则，就会因为不稳定引起相机抖动。另外一种说法是：要想三脚架更结实，脚管的伸展未必要先从粗的开始。即便脚管的伸展从细的开始，三脚架也不会轻易发生抖动。无论如何，通过粗脚管来轻微调整三脚架的高度，也更有效率。

在立放三脚架时，要将脚管高度调整到云台和水平面相平行的程度。从平地移动到坡地时要尤其注意。

在用三脚架摄影时，拍照过程中不要触碰脚管。如果握着脚管摄影，手和身体的颤动会传到三脚架，进而造成相机抖动。

并且，在使用小型三脚架的时候，将随身物品放到专用石头袋或者挂钩上面，可以增加三脚架的自重。

如果是比较结实的三脚架，即便先从细脚管开始伸展，也能保持稳定。先伸长细脚管，然后利用靠近把手的粗脚管调整三脚架的高度。这样一来，三脚架高度的细微调整易于实现，这是其一大优点。如果乘车移动较多的情况下，结实的三脚架更易操作。

如果使用的是旅行三脚架等贵重的三脚架，从细脚管开始伸展，三脚架将无法获得稳定感。一定要从粗脚管开始。还有，将随身物品等放到挂钩上面，可以增加三脚架的自重，增加稳定感。

Check!

- ▶ 若是昂贵的三脚架，从粗脚管开始伸展是基本原则。
- ▶ 若是结实的三脚架，可通过靠近把手一侧的粗管来进行高度调整。
- ▶ 增加小型三脚架的自重，可以提高稳定性。

89 像安装镜头一样，往背包里收纳时也要下功夫

话说，到了摄影地之后，你有立马遇到美妙的光线吗？立刻将相机和镜头从背包中取出，然后再往相机上安装镜头……。对这一连串动作没有特别在意的人需要注意了。因为你可能会错过千载难逢的拍照机遇。

有的人因为把所有摄影器材都塞进小小背包里面，而无法完成相机镜头的组装。如果是这样的话，是无法快速进入摄影圈的。觉得逐一收拾器材很麻烦，把相机挂在脖子上行走的人也有。

学会将装有镜头的主机放入背包。如果已有的背包太小，那么就一次性换个大的，按照安装镜头时的样子进行收纳，从而分割空间。不管是安装长焦镜头，还是标准长焦镜头，如果都能够收纳，那就更好了。

现实中使用的背包。通过图中中间位置的分割，不管是标准变焦镜头，还是长焦变焦镜头，都能快速收纳。在岩石多的地方移动时，细致地进行收纳，可以提高安全性。

Check!

- ▶ 抱着给相机安装镜头的态度去收纳。
- ▶ 为了提高移动时的安全性，应该细致地收纳。
- ▶ 只要下功夫，长焦、变焦都能收纳。

90 给镜头装上遮光罩是必须的

1

2

图1是在镜头装有遮光罩的情况下拍下的场景。图2在没有遮光罩的情况下，图像出现眩光的现象。加上遮光罩，就可以尽可能地减轻这种现象。但是，在风大的时候，为了防止相机出现抖动，摘掉遮光罩比较好。

【摄影参数】全画幅相机 24-120mm变焦镜头（38mm） 光圈优先AE模式（F8 · 1/160秒） 曝光补偿-0.3EV ISO 100 WB：日光

如果是刻意将眩光或者耀斑作为表现对象，那么另当别论。一般在进行风光摄影时，应该尽量避免眩光或者耀斑。为此，最基本的方法是为镜头加装遮光罩。在逆光或者斜射光的条件下，画面容易出现眩光或者耀斑。有时候水面的反射也会成为罪魁祸首。如果提前加装了遮光罩，不管光线条件如何，很多情况下，都可以防止有害光的出现。假如太阳的位置很低，遮光罩无法完全发挥作用的情况下，可以用手遮挡，加以预防。

在风大的时候，遮光罩可能会引起相机抖动。在那种情况下，摘掉遮光罩，用手遮挡有害光的入侵，也不失为一种有效手段。

还有，有的入门机型镜头套装并没有搭载遮光罩。因为并不贵，建议大家提前购买。

Check!

- 记得给镜头安装保护罩。
- 保护罩无法完全遮光时，可以用手进行遮挡。
- 风力较大时，建议取掉保护罩。

91 如果出现有害光，首先检查滤镜！

将太阳直接纳入画面时，拍照既是在完全逆光的条件下进行，又有非常强的光源进入画面，所以容易产生眩光或者耀斑等有害光。

在这种情况下，即便是换了拥有较好镀膜的镜头后，眩光或者耀斑还是大量出现的话，那么原因之一极有可能是滤镜。

滤镜又称玻璃片。由于平面性高，光线易发生镜头内部反射。偏振镜和减光镜自不必说，防护滤光镜也一样。如果在装有滤镜的情况下拍照，有害光持续产生。如果将滤镜摘掉之后，情况有所改善。那么，首先应该将滤镜视为罪魁祸首。

除此之外，镜头上所附着的灰尘也是原因之一。镜头前端自不必说，镜头后座一侧的灰尘也要加以清理。

图1由于保护滤光镜引起了有害光的产生。图2是没有滤光镜的情况。如果以保护镜头为目的，使用滤光镜时，建议使用比老式型号具有更好镀膜的滤镜。

Check!

- 保护镜有时候会引起有害光的产生。
- 在强光条件下拍照时，建议摘掉保护镜。
- 如果要买滤光镜，建议购买最新款。

92 球形云台长于快照，三维云台的精确度较高

要想精密构图，三维云台便于操作。但是在讲究快照或者进行微距摄影时，球形云台又更合适。在购买自由云台时，选择能够调整主要手柄旋转松紧度的型号。

【摄影参数】APS-C画幅相机　60mm定焦镜头（35mm等效焦距节为90mm）　光圈优先AE模式（F3 · 1/200秒）　曝光补偿+0.3EV　自动感光（ISO200）　WB：日光

云台大体上分为两类。一种是球形云台，另外一种是三维云台。不管是哪一种云台，都有其优点和缺点。

首先来介绍球形云台。它通过一个旋转球体，可以将照相机调整到各种方向。因此，在快速拍摄时具有很大优势。但是，使用球形云台，不易进行构图上的细微调整。并且，有的球形云台的手柄力矩无法调整，可能造成操作上的不便。

三维云台可以向前后左右旋转，并且上面的每个手柄都能独立进行调整。虽然通过它，我们方便进行构图的细微调整，但是每个手柄的分别操作，让其快速拍照能力比球形云台低不少。还有，由于体积过大，在便携性上也不及球形云台。

我以前经常使用三维云台，但是最近换成了方便程度更高的球形云台。不管是哪一种云台，重要的是会熟练使用。

Check!

- 球形云台长于快速拍摄。
- 如果是微距摄影，建议选球形云台。
- 若是追求精密构图，那就使用三维云台。

保养及自主练习篇

Chapter.

03

93 优先给电池充电

回家后，首要的事情是给电池充电。大家不要忘了将充电器放在特定场所。如果你有两个充电器，最好是将其中一个放到车上。在非常时刻，一定会派上大用场。

Check!

- 回家之后必充电。
- 将电量用尽放空是本末倒置。
- 预备电池同时也不要忘记充电。

完成摄影回到家中，首先要做的就是给电池充电。建议大家在取出内存卡的同时，也要记得拔下电池，放到充电器上进行充电。

毫无疑问，数码相机如果没有电，将毫无用处。为了下一次的摄影，建议大家提前将电池充满。

不要为了延长电池寿命，刻意地将每一块电池的电量用尽之后才考虑更换电池。毕竟，在摄影现场，电量下降可能会让你错过最佳拍照时机，从而本末倒置。我们索性应该将电池看作一种消耗品来使用。如果在摄影时需要使用预备电池，那么也要提前充好电。

我们无法提前预知，外出摄影之前是否有时间给电池充电。因此，作为摄影前的准备，为了外出拍照时的不慌不忙，我们在回到家之后，不要忘了立马给电池充电。

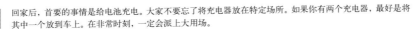

94 不要忘了再次检查相机的参数设置

先给大家讲一个我刚学拍照时的故事。由于，我还没有完全掌握拍摄现场的相机操作，拍照的前一天晚上，在住处将相机设为高感光度，并进行了确认。第二天没有再次检查，就直接进行摄影。结果发现快门速度出现了异常，虽然采取了应对措施，但是一大早拍下的海边照片都不尽如人意。

参数设置有误可能会引起严重后果。前一天忘了更改参数设置，第二天在毫无察觉的情况下进行摄影等，我经常听人这样说起。

在RAW格式下，照片的白平衡或者影像优化尚可调教，但是感光度、画质以及拍照范围等将成为致命缺陷。花上几天时间外出摄影，可能会让自己追悔莫及。因此，为了防患于未然，建议大家好好检查相机的参数设置。

应该再次检查的设置

- **ISO感光度**
- **画质设定**
- **拍摄范围**
- **白平衡**
- **影像优化**

Check!

- ▶ ISO感光度或者画质设定方面的失误是致命的。
- ▶ 在摘取电池时，注意检查。
- ▶ 如果是RAW格式，尚有弥补的余地。

95 不要忘了数据的备份以及存储卡的初始化

硬盘

上图是储存数据的固态硬盘。图中右后方的两个装置是RAID5硬盘阵列，用于保存摄影的图像数据。我们兄弟二人会分别保存同一数据，以此来确保数据安全。

初始化数据

在数码相机时代，摄影数据的保存尤为重要。如果摄影数据丢失，那将会功亏一篑。一定要养成回家后给数据备份的习惯。

用硬盘保存的数据，建议备份两份以上。因为数据是通过机器保存，而机器又有损坏的可能。还有，如果有RAID5、RAID6或者RAID10等硬盘阵列，就可以将数据分别保存在多个硬盘，这样更放心。

话说回来，存储卡该怎么办呢？难道没有人在每次摄影的时候追加存储卡吗？将存储卡中的数据备份到移动硬盘以后，为了下次的使用，要对其进行初始化，空出存储卡空间。在清除全部数据以后，受保护的图像可能仍有残留，要多加注意。

Check!

- 将数据保存到硬盘。
- 不要忘了移动硬盘的备份。
- 在数据保存之后，不要忘了存储卡的初始化。

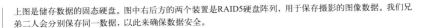

96 为了下次摄影，认真保养机器

摄影回来之后，将机器一直放在背包里，大家有过类似的情况吗？在下雨天或者瀑布等地方摄影之后，机器难免会沾上一些水沫。拍完照后，将水擦干是极其重要的事情。将相机和镜头从背包取出，用干毛巾等将残留的水汽擦干。然后将其放于屋中，待自然风干以后，再存放至电子防潮库。

在海边完成摄影之后，要用湿毛巾等将机身上附着的盐分擦拭干净，再用干毛巾等把水擦干。特别是镜头后座的金属部件容易生锈，一定要认真清理。

如果泥沙或者砂石等进入脚管缝隙处，三脚架甚至可能无法伸缩。如果发生这种情况，就要用水冲洗。还要检查云台的转动情况，如果云台难以转动，就要给其抹油，或者用酒精清洗。

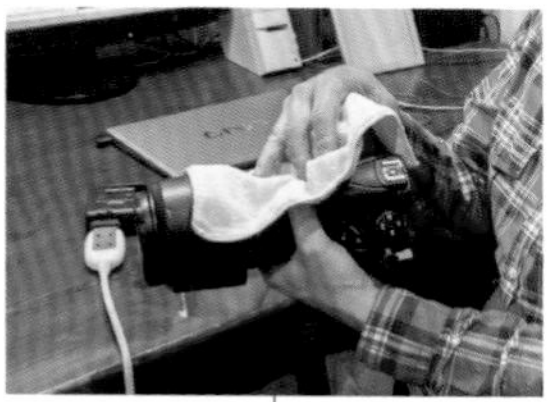

Check!

- 如果机器沾上雨水或者水汽，要擦拭干净。
- 在海边完成拍摄之后，要好好地擦拭掉盐分。
- 不要忘了三脚架的养护。

在海边摄影时，由于海风的原因，相机机身上有盐分附着。如果就那样放任不管，金属部位很容易生锈。即便是具有防尘防水功能的相机或者镜头，只要被淋到了，都要擦拭干净。

【摄影参数】全画幅相机　70-200mm变焦镜头（150mm）　光圈优先AE模式（F11 · 15秒）　曝光补偿-0.3EV　ISO100　WB：日光

97 根据需要，将最重要的信息写成日记

一味地从外部获取信息是远远不够的。自己的行动记录是最值得信赖的信息之一。

过去到访的摄影场所、到访时间以及相关详细记录，是非常重要的信息。可以将其作为来年行动的参考依据加以利用。因此，根据需要，将写日记常挂心头。

『真好』，在写日记时，光写这样的东西是不够的。『这个地方到得稍微有点早了』或者『那个地方到得有点迟了』，如果是这一类的信息，在我们下次到访同一个目的地时，可以让我们更好地把握时间。还有，如果有那时候所拍摄的照片，我们下次拍照的把握就更大了。

虽然博客或者个人主页很适合作为写日记的场所，但是开设账户稍显麻烦。如果你有Facebook等账户的话，可以好好利用。还有，各个相机制造商在网上所开设的论坛也可以有效利用。

4月6日（星期三） 新宿御苑的樱花持续盛开中
前往东京都市区提交材料和参加会议。在这之后，我顺道去了新宿御苑，小拍了几张照片。虽然苑内的樱花大多已经盛开，有一部分甚至已经开始凋落，但是依旧可以找到合适的拍摄对象。在苑内行走的时候，光是耳中听到的外国语言就达八种之多。偶尔碰到一两个日本人，方才安心许多。
奥林巴斯 PEN-F/MZUIKO DIGITAL ED 40-150mm F2.8 PRO
4月4日（星期一） 东京的樱花
始于三个半月前的一系列工作终于结束了。不对，还剩下书稿的校对没有完成，因此还算不上真正意义上的结束。书稿提交以后，原以为能稍微缓口气，没想到即将到来的疲惫又涌上心头……从明天开始，我必须处理前段时间所提交的有问题的相关文件、以及书稿的校对工作。在心绪无法平静的时候，东京的樱花出现在我的眼前。
奥林巴斯 PEN-F/MZUIKO DIGITAL ED 7-14mm F2.8 PRO
4月2日（星期六） 樱花盛开
上图是在参加尼康数码学院举办的摄影培训活动中到访的神代植物园。此时，染井吉野樱花已接近盛开的状态。垂枝樱花有完全盛开

这些日记都是自己亲眼所见后记录下来的。它们是最值得信赖的关于过去的信息。我在外出摄影时，必定会去浏览一下过去所写的日记。你记的日记越多，信息的价值就越高。

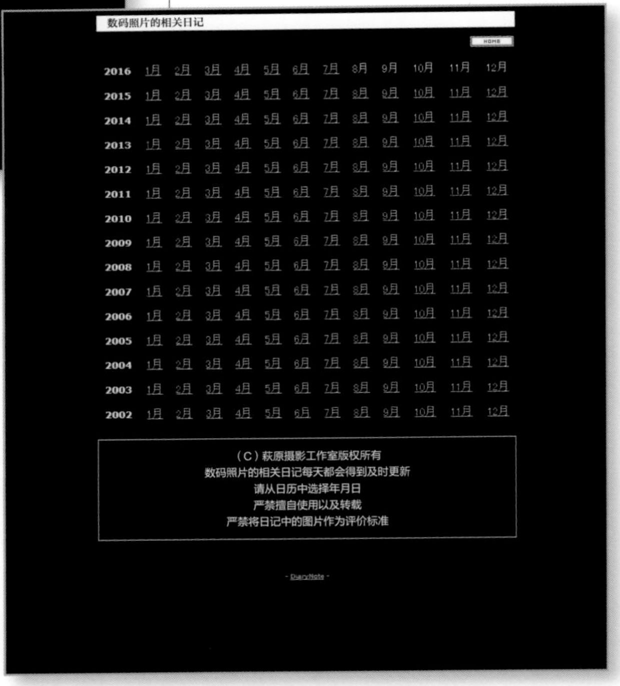
数码照片的相关日记
HOME
2016 1月 2月 3月 4月 5月 6月 7月 8月 9月 10月 11月 12月
2015 1月 2月 3月 4月 5月 6月 7月 8月 9月 10月 11月 12月
2014 1月 2月 3月 4月 5月 6月 7月 8月 9月 10月 11月 12月
2013 1月 2月 3月 4月 5月 6月 7月 8月 9月 10月 11月 12月
2012 1月 2月 3月 4月 5月 6月 7月 8月 9月 10月 11月 12月
2011 1月 2月 3月 4月 5月 6月 7月 8月 9月 10月 11月 12月
2010 1月 2月 3月 4月 5月 6月 7月 8月 9月 10月 11月 12月
2009 1月 2月 3月 4月 5月 6月 7月 8月 9月 10月 11月 12月
2008 1月 2月 3月 4月 5月 6月 7月 8月 9月 10月 11月 12月
2007 1月 2月 3月 4月 5月 6月 7月 8月 9月 10月 11月 12月
2006 1月 2月 3月 4月 5月 6月 7月 8月 9月 10月 11月 12月
2005 1月 2月 3月 4月 5月 6月 7月 8月 9月 10月 11月 12月
2004 1月 2月 3月 4月 5月 6月 7月 8月 9月 10月 11月 12月
2003 1月 2月 3月 4月 5月 6月 7月 8月 9月 10月 11月 12月
2002 1月 2月 3月 4月 5月 6月 7月 8月 9月 10月 11月 12月
（C）荻原摄影工作室版权所有
数码照片的相关日记每天都会得到及时更新
请从日历中选择年月日
严禁擅自使用以及转载
严禁将日记中的图片作为评价标准
- DiaryNote -

Check!

- 根据需要，做好行动记录。
- 总结内容可以作为后来的参考。
- 有效利用博客或者Facebook。

98 回顾已拍镜头，认真总结，寻找可以改善的地方

在数据备份之后，接下来该做什么呢？重新回顾摄影数据是非常重要的事情。虽然焦点位置或者相机抖动等情况在拍摄现场就可以确认，但是如果不在电脑的显示屏上再次确认，就会错过很多细节。图像周边的检查、以及景深、构图的平衡等也是一样。与相机的显示屏相比，电脑的图像显示器更大，更易于我们观察图像。

拍摄的时候，画面的构图是否千篇一律？或者场面是否缺少变化？诸如此类的检查要同时进行，以便为下次的摄影提供借鉴。

在回顾的时候，要有效利用标签等，提前对作品或者社交网络等分类。这样在后面寻找图像的时候，就要简单得多。

Check!

- 一定要用电脑的大显示器检查。
- 焦点位置或者相机抖动等情况的检查自不必说。
- 在检查的时候用标签分类，便于后面进行检查。

先通过缩略图来检查所有的图像。检查所有照片的构图是否千篇一律，是否缺少变化等。接下来才是逐个镜头的详细检查。焦点位置的准确度、相机是否抖动、画面的四角是否有多余的东西进入以及构图是否存在问题等等，都要认真进行确认。

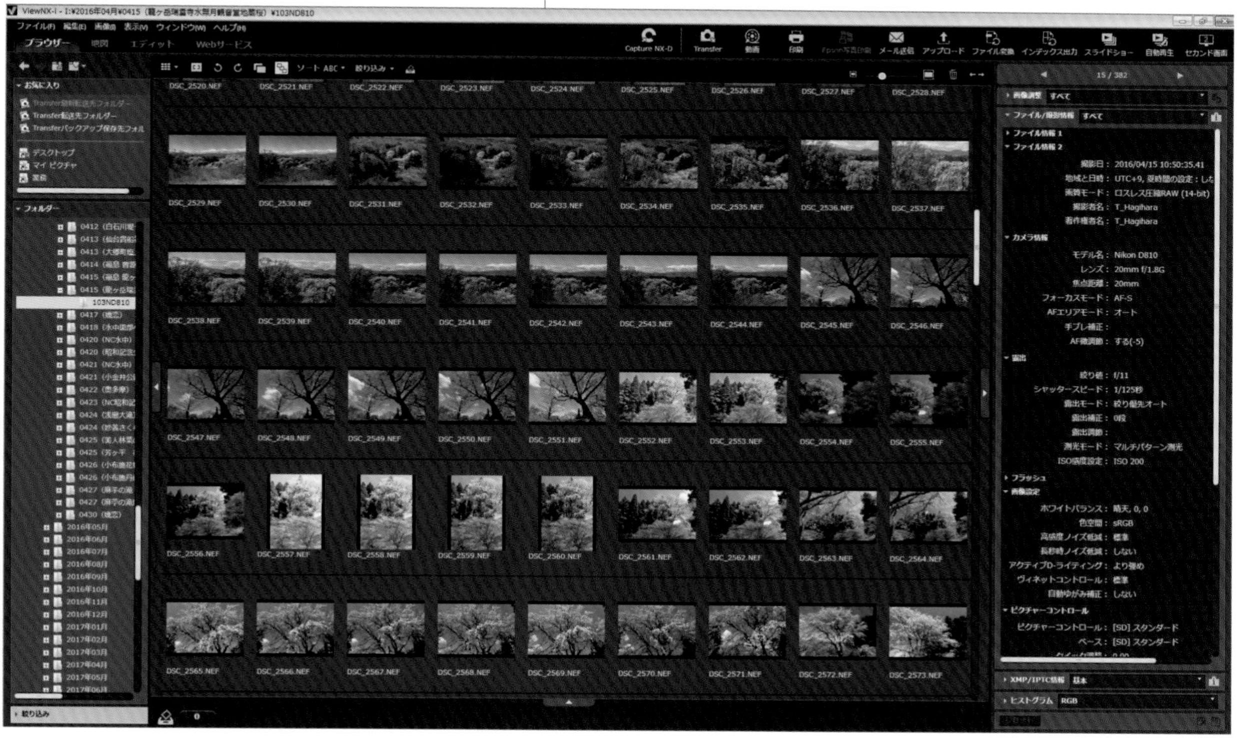

99 通过重新审视自己拍的照片，慢慢提高表现水平

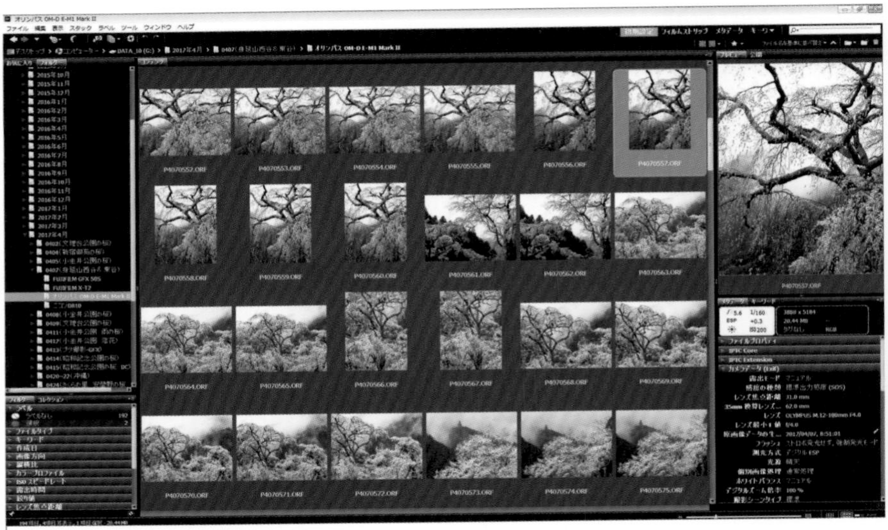

打开2017年4月7号所保存的文件夹，浏览其中的图片。如果缩略图的尺寸过小，图片的细节将难以辨认，所以将画面尺寸调整到可以看清纹路的程度很重要。

Check!

- 拍了照片之后，回顾是惯例。
- 一边比较喜欢的照片，一边做出抉择。
- 从那些无法选择的照片中，寻找可以学习的要点。

浏览器或者软件的分屏功能以及缩略图的放大功能要加以利用。通过这些功能，将想要比较的两张照片排列在一起，进行仔细地对比。如果画面尺寸能调整到这种程度，我们就能充分地对图像进行观察。

分别采用横向构图和竖向构图对同一个场景拍照。通过比较，竖向构图更能表现出树以及山的高度，但是在樱花数量的观感上，横向构图更胜一筹。如果是拍摄樱花，采用横向构图更好。

【共同参数】4/3画幅相机　12-100mm变焦镜头　光圈优先AE模式（F5.6 · 1/125秒）曝光补偿+0.3EV　ISO200　WB：日光

为了表现出背景中浓雾弥漫的样子，备份了两张图片作为备选对象。左图中的浓雾太密集，右图中的雾景更富有变化，毫无疑问右图更出色。这让我再次认识到了拍摄雾景时机的重要性。

【共同参数】4/3画幅相机　12-100mm变焦镜头　光圈优先AE模式（F5.6 · 1/320秒）　ISO200　WB：日光

拍完照之后，就放任不管，这样的情况并不是没有。如果在平时就没有重新审视所拍照片的习惯，终究会吃大亏。有一句谚语叫做『见贤思齐』。这句话的意思是，通过他人行为的好坏，对自己的行为进行反省，将缺点加以改正。放到拍照上来说的话就是『看自己的照片，纠正自己的表现方式』。虽然你可能觉得有点牵强附会，但是要想拍照技术有所提高，这是非常重要的。

尽可能在拍照当天或者次日重新审视所拍照片效果最好。如果你觉得有些困难，那么在接下来的几天或者一周内完成这个任务也可以。方法很简单——只挑选自己感兴趣的照片。虽说如此，要从一天中拍摄的大量图片里，先选出几张满意的备选图片，再逐一比较，决定孰优孰劣，并不是一件简单的事情。在这个任务中重要的是，要弄清楚为什么有的照片拍的很差，不能成为最佳备选对象。通过这样的反省，在下一次的摄影中加以活用，就能慢慢提高表现力。

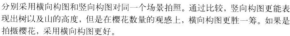

100 通过二次取景，在家中就能进行构图练习

照片剪裁是对是错？在35mm胶卷风靡全球的时代，为了让小尺寸胶卷的性能得到最大限度地利用，尽可能少地对照片进行裁剪成为了摄影的前提。但是，当下是数码相机的时代，像过去一般对照片裁剪争论不休的情况已越来越少。虽说如此，一部分以裁剪为前提而进行的摄影，显得矫揉造作，不受人喜欢，也是不争的事实。

然而，此处我推荐的照片剪裁是以练习为目的，是为了提高自己的水平。通过修图软件等，将所拍下的图片稍微放大，然后使用剪裁功能对照片进行处理，以此来练习构图。这种行为我们可以称之二次取景。在没有时间外出摄影时，可以加以练习。虽然赶不上实地拍摄时的效果，但是在无法外出摄影，呆在家中闷闷不乐的时候，加以尝试，并没有什么坏处。即便是挑战一下平时不太用到的裁剪技巧，或许在下一次摄影时就能派上大用场。

Check!

- 使用放大后的图像，进行裁剪练习。
- 在无法摄影时，将此作为一种练习非常合适。
- 即便是有些出乎意料的裁剪也可以尝试。

准备了一张照片，将画面中的溪流放大，对此进行裁剪。是以岩石为中心，还是以水流为中心，还是以两者的平衡为目标，通过这种各样的尝试，桌上的练习成为可能。

[摄影参数] 中画幅相机 23mm定焦镜头（23mm/35mm等效焦距为18mm） 光圈优先AE模式（F11 · 2秒）曝光补偿+0.3EV ISO 200 WB：日光

剪裁案例

剪裁案例

剪裁案例

剪裁案例

剪裁案例

剪裁案例

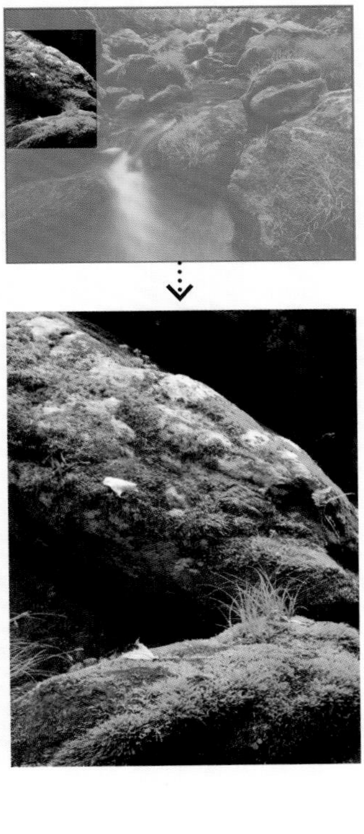

101 通过照片组来寻找自己的不足

1

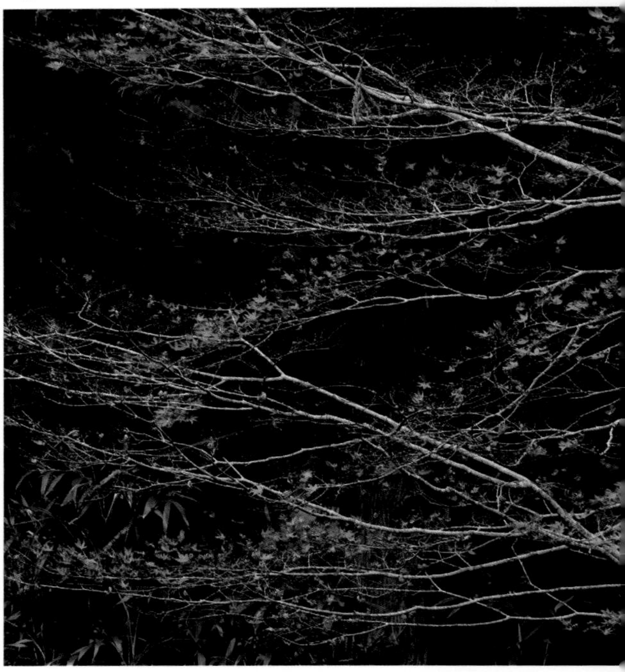

3

所谓的照片组，指的是基于某个主体，将两张以上、或者五到六张照片（没有严格的范围）归纳到一起的图片组合。单张照片，完完全全就是看这一张照片的表现力。就照片组而言，我们看中的不是某一张照片的表现力如何，而是整体所表现出的观念、故事性以及内容等。因此，单张照片的拍摄具有很大的偶然性，但是要拍摄照片组，作者的专业能力和综合能力必不可缺。这个世界是一个靠实力的世界。建议大家勇于挑战照片组的拍摄。不管是平时拍摄积累下来的照片，还是从某一天拍摄的照片中挑选，都可以做成照片组。一般而言，按照四季特点对存储的照片进行分类，是风景照分类的基本方法，按照这种方法起步也无妨。

Check!

- 就照片组的竞争而言，比拼的是作者的专业能力和综合能力。
- 照片组可以让我们发现各种不足。
- 如果知道了不足，就可以有所提高。

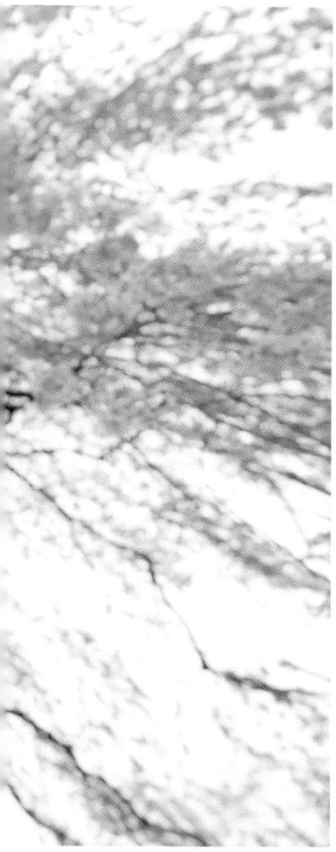

2

4

这四张图片是参加摄影展，四张一组的照片组。这个照片组是以树的伫立为表现主题，由春夏秋冬的照片各选一张组合而成。表现方法是：上方左图为春景，右图为夏景；下方左图为秋景，右图为冬景。在对角线上，白色背景和黑色背景相比较。

【摄影参数】

1. APS-C画幅相机　10-24mm变焦镜头（10mm/35mm等效焦距为15mm）
光圈优先AE模式（F4 · 1/1000秒）　曝光补偿+2.0EV　ISO800　WB：日光

2. APS-C画幅相机　10-24mm变焦镜头（11mm/35mm等效焦距为17mm）
光圈优先AE模式（F5.6 · 1/8秒）　曝光补偿-0.7EV　ISO800　WB：日光

3. APS-C画幅相机　50-140mm变焦镜头（60mm/35mm等效焦距为90mm）
光圈优先AE模式（F5.6 · 1.3秒）　曝光补偿-1.0EV　ISO200　WB：日光

4. APS-C画幅相机　55-200mm变焦镜头（100mm/35mm等效焦距为150mm）
光圈优先AE模式（F5.6 · 1/3200秒）　曝光补偿+1.0EV　ISO800　WB：日光

102 将附近的公园也视为作品创作的场所

很多人认为，风光摄影就是花费大量的时间，前往较远的场所，拍摄平时未曾见到的风景。这种说法并没有错，但是只说中了一部分。在日常生活中，扎扎实实积累一些动人心弦的镜头，也是风光摄影的重要表现技巧。

如果我们住在远离都市的山野，大自然触手可及。如果是在城市生活，就会越发地向往大自然。但是，在附近的公园，即便是规模不大的小公园，进行风光摄影也未必不可能。勇于选择那样的拍摄地点，在表现上下功夫，也可以拍出精彩的镜头。因为我（萩原史郎）也住在城市里，在附近的公园摄影时，就曾创作出用于个人摄影展的作品。由于附近的公园离家很近，可以准确把握天气和季节的变化情况，岂不正好。如果不在附近的公园进行摄影，那将是一大损失。

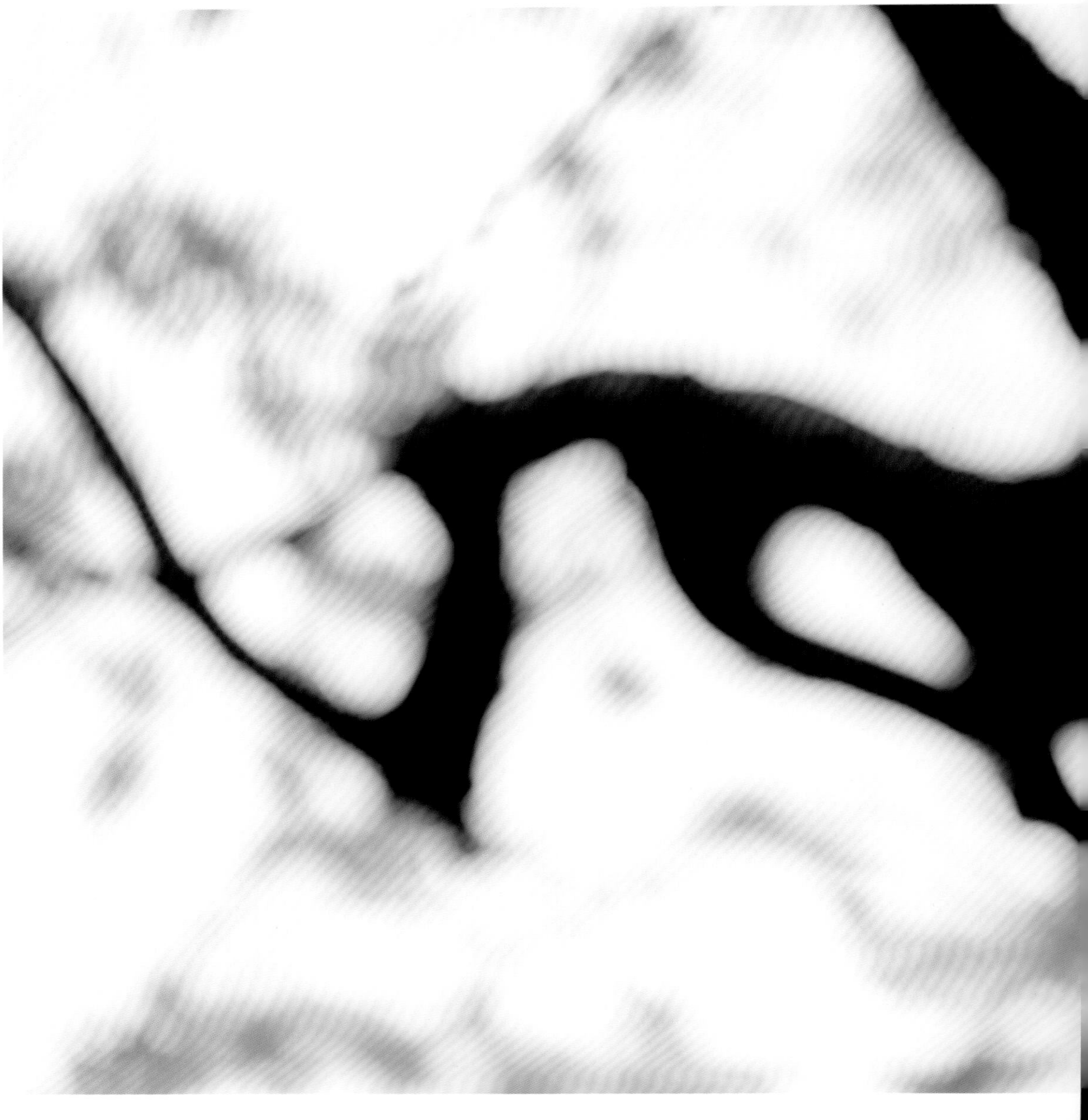

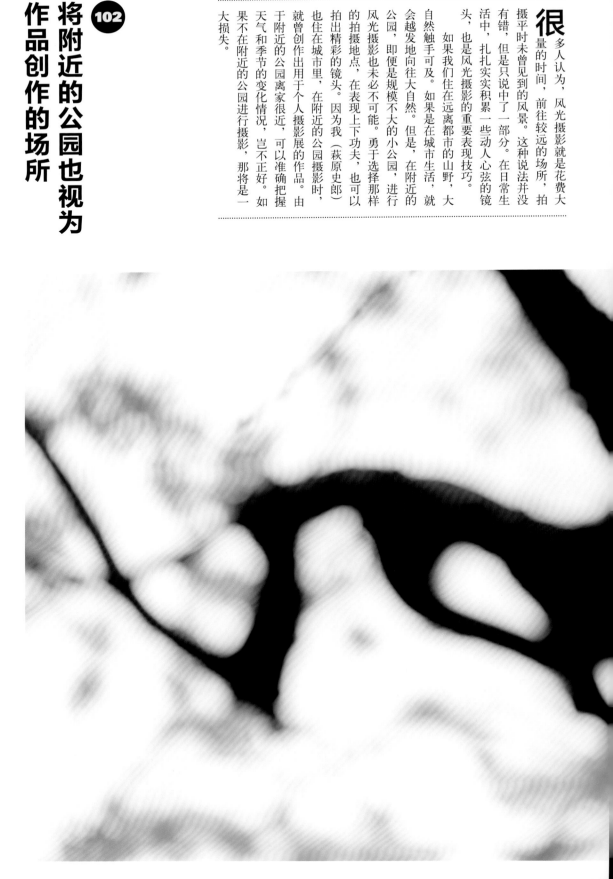

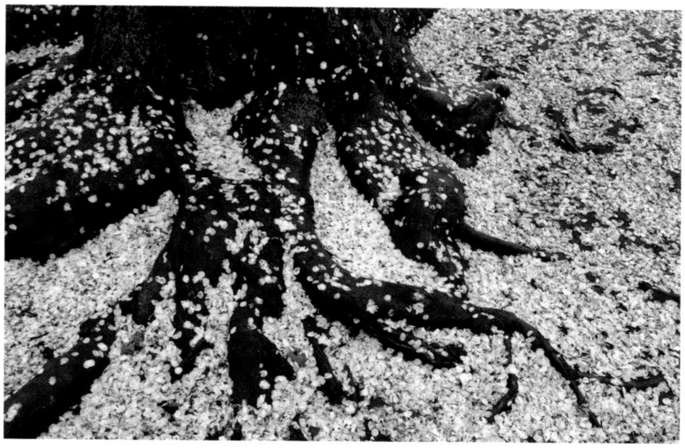

这幅图和左下角的图片是在同一天拍摄的。小时候，我特别喜欢在白色画纸上画画。不知道是否受此影响，直到现在，我仍旧喜欢在拍摄风景时，将白色作为背景的表现手法。在阴天最适合用这样的表现手法。在附近的公园，樱花盛开状况和天气情况都令人满意，非常适合拍照。

【摄影参数】 APS-C画幅相机　50-140mm变焦镜头（66mm/35mm等效焦距为99mm）　光圈优先AE模式（F2.8・1/2700秒）　曝光补偿+2.3EV　ISO800　WB：日光

想要拍摄樱花凋零之姿。在樱花盛放期快要结束的时候，如果来一场强降雨，就会让我拥有很好的拍照机会。由于附近的公园就是拍照场所，所以很好找到这样的机会。正如预料的那样，樱花树下花瓣堆积，我用镜头记录下了这华丽场面消失的瞬间。

【摄影参数】 APS-C画幅相机　18-55mm变焦镜头（22mm/35mm等效焦距为33mm）　光圈优先AE模式（F11・1/30秒）　ISO200　WB：日光

总的来说，我个人更喜欢柔和的表现方式，因而经常在阴天拍照。确认拍摄当天的天气为阴天后，出发前往附近的公园。这一天，我只带着长焦镜头，准备一招定胜负。正因为拍摄地在附近，或许才有勇气进行这样的尝试。

【摄影参数】 APS-C画幅相机　50-140mm变焦镜头（130mm/35mm等效焦距为195mm）　光圈优先AE模式（F2.8・1/3500秒）　曝光补偿+2.3EV　ISO800　WB：日光

Check!

- ▶ 利用附近的公园。
- ▶ 准确掌握天气及季节的变化情况成为可能。
- ▶ 坚信在公园也能进行作品创作。

103 通过相册的制作来找到不足，以正式写真集为努力目标

作为以志贺高原为主题的写真集的备选作品，暂时选出20张作为参考。于是，各种各样的不足开始浮现出来。

· 春天的花只拍摄了樱花
· 春天到夏天拍摄的天空中没有蓝天
· 没有能够反映初秋气息的作品
· 没有下雨或者下雪的作品
· 没有场景广阔的作品

乍一看就有这么多缺点。反过来，我们应该改正这些不足，重新制定长期·中期·短期计划，以正式写真集为努力目标。

想要创作写真集。对于拍照的人而言，大概都有这样真实的想法吧！本书在开始部分的第一节，就摄影计划的必要性做了介绍。我们要以摄影大奖或者举办摄影展为目标，制定长期计划。写真集也是一样，如果没有长期计划，实际操作起来会非常困难。关于短期计划，就是每天坚持创作符合写真集主题的作品。但是，即兴挑战写真集的制作也非常重要。练习对象或许是模型，但是仍旧建议大家积极挑战，在网上制作一些简单的相册。

实际上，要想制作相册，首先得从库存中挑选作品。这样一来，我们就可以找出不足。远景拍摄或者全焦点摄影过多、长焦镜头的使用频率太高、关于冬天你的摄影太少、下雨的场景没有等等。对这些有所了解，就能在短期、中期和长期摄影中，改善不足，提高完成度。如果以写真集为目标，就必须尝试。

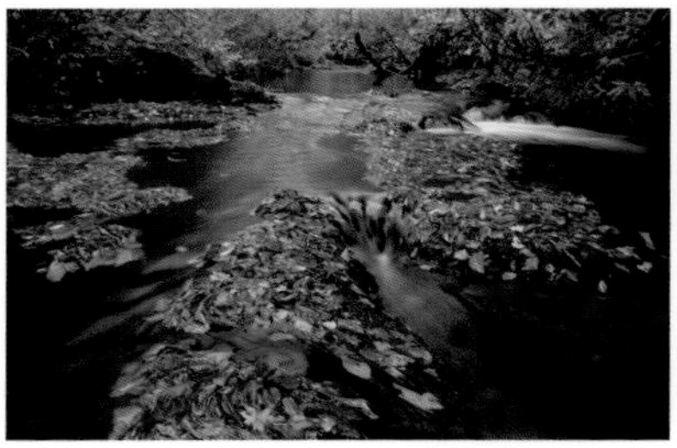

Check!

▶ 将写真集作为目标之一。
▶ 通过相册的制作找出不足。
▶ 为了改善不足，重新制定计划。

104 不用拍照，经常使用眼睛进行取景训练

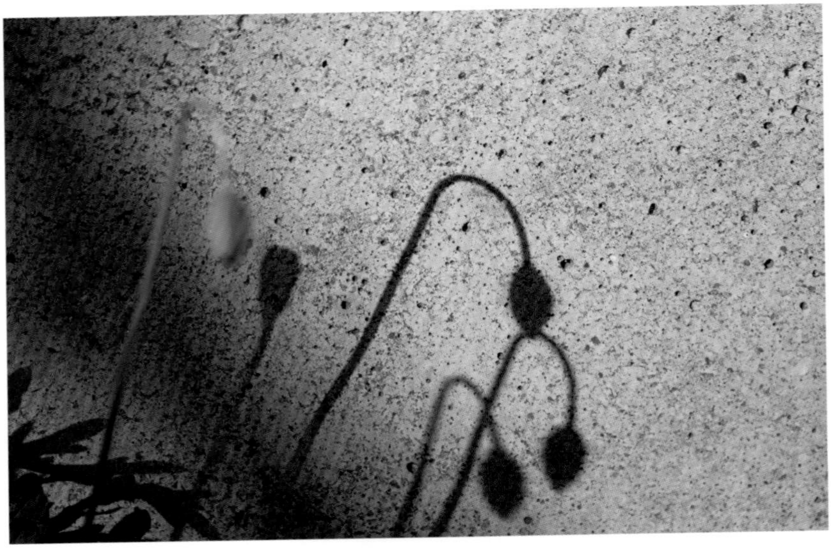

墙壁上留下了植物的倒影。这种时候，在画面右侧留下空白，以影子为中心进行构图。这就是仅用眼睛取景。由于是用眼睛取景，在一瞬间，各种各样的构图在头脑中浮现出来。

【摄影参数】APS-C画幅相机　100mm定焦镜头（100mm/35mm等效焦距为160mm）　光圈优先AE模式（F2.8 · 1/1600秒）　曝光补偿+0.3EV　ISO100　WB：日光

提高拍照能力的诀窍并不全在拍照技术上。通过摄影展或者写真集等欣赏大量的照片，经常接触电影、绘画以及漫画等优秀的构图，都可以提高摄影能力。实际上，我从歌川广重的名胜江户百景——《龟户梅屋铺》的构图和漫画手冢治虫的《火鸟》的风景描写中受到很多启发。

日常生活中，我们也能做很多事情，并且不用带相机。遛狗的时候，外出购物时，上下班途中等等都可以。所看到的风景皆可通过眼睛取景，相当于在用眼睛拍照。

就好比用食指和大拇指拼成取景框，假装拍照一样，我们也可以通过眼睛和大脑来完成这个过程。因此可以通过随心所欲地拍照，随心所欲地构图。通过这样的训练，不知不觉中，即便是在摄影现场，也能很自然地进行取景。

在遛狗的途中，即便是没带相机，也时刻留意和观察周边事物。与此同时，在眼中瞬间完成构图，按下快门，这就是所谓的自主练习。因为我已经养成了习惯，不管看到什么，都会在脑海中想着取景。想到这一点，不禁觉得好笑。

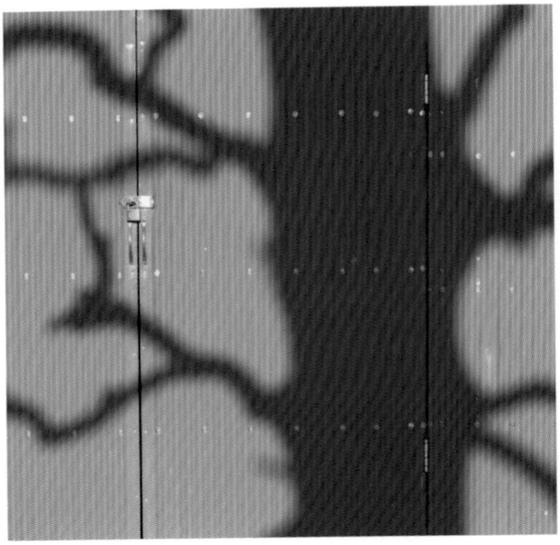

公园工具小屋上面留下了树的倒影。倒影和银色钥匙的搭配非常有趣，立刻按下快门，拍下了这幅画面。在这种场合下，仅用眼睛进行方形取景。横向构图、竖向构图、方形构图、到底哪一种更好，要做出快速判断，也需要经常练习。

【摄影参数】4/3画幅相机　50mm定焦镜头（50mm/35mm等效焦距为100mm）　光圈优先AE模式（F8 · 1/250秒）　ISO200　WB：日光

Check!

- ▶ 不用相机，仅用眼睛取景。
- ▶ 日常生活的所有画面都可以加以尝试。
- ▶ 尝试一瞬间进行好几个构图。

RAW图像及润饰篇

Chapter.

04

在第四章，本书将利用Camera Raw（V9.12）软件，对图像调整的基础知识进行解说。

Camera Raw是Photoshop中处理RAW图像的内置软件。由于它是第三方产品，因此，不管是哪个相机的RAW数据都可以通过它进行处理。由于功能极为强大，仅凭这一个软件就可以完成RAW图像以及后期加工的绝大部分操作。但是，要想使用Camera Raw处理图片，相机必须在RAW模式下拍照。

这是我在创作作品过程中，必不可少的软件。

105 图像亮度决定第一印象，可通过曝光量进行调整

决定照片第一印象的是图像亮度。同一张照片，明暗程度不同，一眼看去，给人的感觉将大不一样。因此，决定照片亮度的曝光将至关重要。但是，在拍摄现场，我们未必能让图像获得理想的亮度。在这种情况下，我们就要使用曝光量来调整。

将滑块往右移动，图片变亮。反过来，往左移动，图片变暗。曝光量增减1.00的调整，相当于光圈增加或减少一档。由于Camera Raw的调整幅度能达到0.05，所以能够较为准确地将图片调整为想要的亮度。

照片的亮度要符合人的视觉感受，这是基本要求。与此同时，亮度反映了作者的情绪。在图像的明暗度上下功夫，将自己的想法融入照片。怀着这样的想法去进行调整。

通过曝光量一项，进行曝光补偿+0.6的调整，照片的画风变得清晰而柔和。将曝光量的滑块左右滑动，就能使亮度控制在让人满意的程度。虽说调整幅度每次只有0.05，但是可以大胆地加以调整。

稍微显得有些暗的樱花之景。拍摄春天的花朵时，色调明亮是一般常识。兼顾被摄对象给人的印象、作者的想法和目的，以此来决定图片亮度至关重要。图片的亮度决定了照片的成败。

【共同参数】APS-C画幅相机 16-50mm变焦镜头（30mm/35mm等效焦距为45mm） 光圈优先AE模式（F8·1/500秒） ISO100 WB：日光

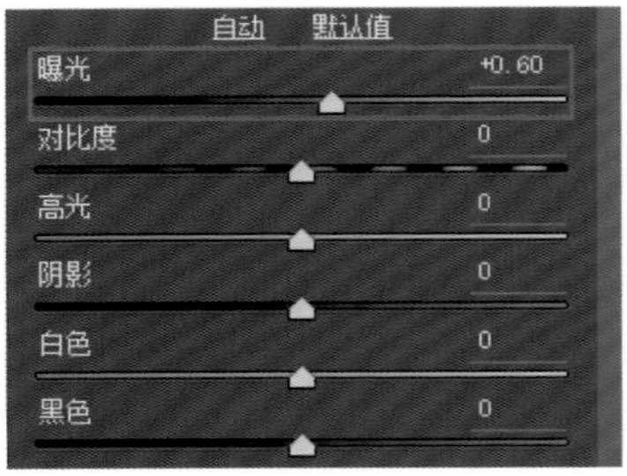

Check!

- 亮度决定了照片给人的第一印象。
- 1.00的曝光量调整相当于一档的光圈调整。
- 所做调整要能传达出作者的想法。

106 使用白平衡工具，单击画面改变色彩

和亮度一样，颜色也影响了人们对图像的印象。虽然白平衡功能便于更改画面色彩，但是为了单击画面就能改变白平衡，就必须在RAW模式下摄影。如果以JPEG格式拍摄，后期就无法像RAW格式的文件那样进行简单地调整。

在RAW格式下摄影，只需要对初期设定值（日光、阴天等）进行选择，就可以改变画面色彩。或者直接输如K值，也能变更颜色。初学者使用下拉式菜单中的初期设定值较好。在熟悉了之后，再直接在『色温』一栏输入K值也不迟。

当晚霞的颜色不够浓烈时，选择设置中的『阴天』或者『背阴』选项，画面的橘黄色就会得到加强。要想营造一种苍白色的氛围，选择设置中的『荧光灯』等选项就很好。

Check!

- 改变色彩的第一步就是白平衡。
- 选择下拉式菜单中的初期设定值。
- 也可以直接输入数值。

朝阳升起前的海岸景色。由于没有云，画面色彩不够理想。因此，在RAW格式下摄影，选择“背阴”这一选项，将画面的颜色变成了理想的样子。如果直接将K值设定为3000K，就可以得到宛如月夜一样的画面。

【共同参数】APS-C画幅相机 70-400mm变焦镜头（180mm/35mm等效焦距为270mm） 光圈优先AE模式（F11 · 1/500秒） ISO100

WB：日光

WB：背阴

WB：3000K

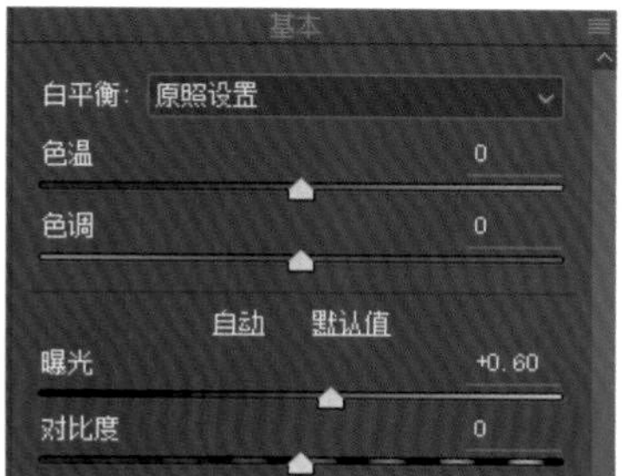

从下拉式菜单中选择“背阴”选项。相较于“阴天”，“背阴”选项下的橘黄色更加强烈。

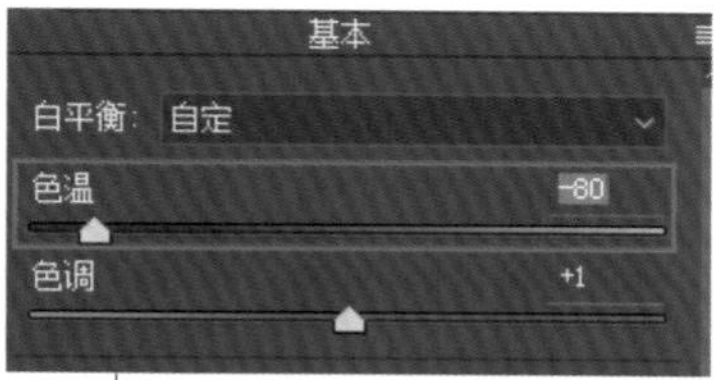

在“色温”一栏直接输入3000。画面立马给人以蓝色的印象。

107 利用对比度，让画面富有节奏感

调整画面色彩的明暗差别和浓淡差别的功能就是对比度。明暗差别越明显，对比度就越高。反之，明暗差别越小，对比度就越低。使用Camera Raw的对比度功能，可以让对比度低稍显单调的图像富有变化。当然，也可以反过来。

将对比度的滑块向右滑动，图片将富有变化。向左滑动，图片将变得呆板。在阴天拍照，想要让照片更富有变化，有时就会用到这个功能。不用说，滑块是往右边滑动。另外，如果对比度过高，造成图像给人的印象十分呆板，就可以将滑块往左移动加以调整。

Check!

- 通过对比度调整画面的明暗差别。
- 可以让单调的照片富有变化。
- 高对比度也可以加以调整。

因为选择了“+50”的对比度，图片的节奏感越来越强。与此同时，色彩饱和度也有所提高。

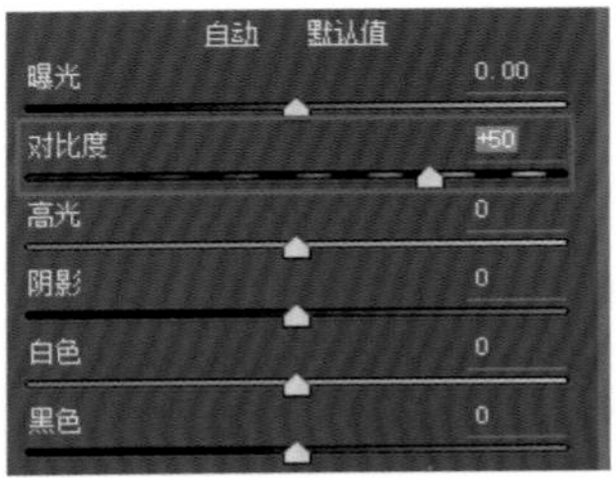

由于是在日落时分摄影，没有直射光，整个画面显得有些呆板。因此，使用对比度功能，使图像富有变化。随着对比度的增加，色彩饱和度也有所提高。

【共同参数】 APS-C画幅相机 50-140mm变焦镜头（74mm/35mm等效焦距为112mm） 光圈优先AE模式（F8 · 1/13秒） ISO800 WB：日光

对比“+50”

原图

108 S型色调曲线也能让图像富有变化

作为图像调整功能之一，色调曲线或许是我们使用得最多的。正如字面意思所示，使用色调曲线功能，可以调整画面的色调。在Camera Raw软件里，色调曲线分为参数曲线和点曲线。通过参数曲线，你可以输入具体数值，设定曲线的调整幅度；你也可以通过点曲线，手动操作，随意更改曲线的形状。在还不熟悉曲线调整的情况下，建议选择参数曲线，通过分别移动高光、亮调、暗调以及阴影滑块，来把握图像的变化。

不管是在哪种场合，将直线型色调曲线变为S型曲线之后，图像的节奏感将会得到加强。反过来，就会给人以呆板之印象。一般情况下，人们更喜欢富有变化的场面，所以更多地使用S型的色调曲线。但是，有一点要注意，如果S型曲线调整过度，图片就会给人以不自然的感觉。

原图

“点”选项下的S形曲线调整

浓雾弥漫，整个画面显得有些死板。因为风景是以雾为主题，原图总的来说也说得过去。但是，为了让图片更富有节奏感和变化力，将色调曲线调整为S型。整个场面既被浓雾环绕，又能给人清晰的印象。

【共同参数】4/3画幅相机 12-100mm变焦镜头（44mm/35mm等效焦距为88mm） 光圈优先AE模式（F5.6·1/40秒） 曝光补偿+0.3EV ISO800 WB：日光

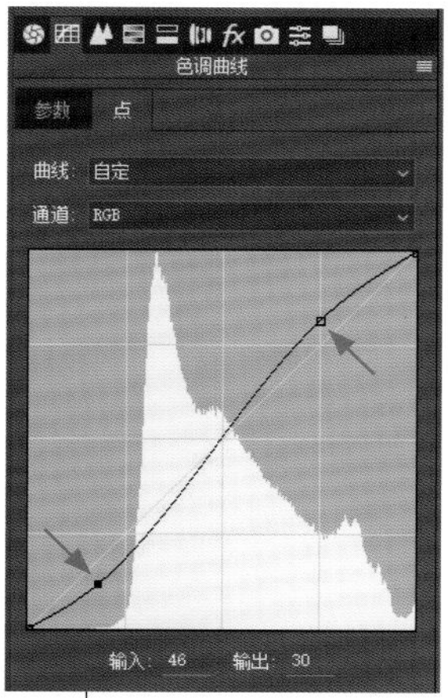

乍一看，或许图中的S型曲线变化幅度不大，但是图像富有节奏感的变化却很明显。希望大家注意这一点。

Check!

- 用于色彩调整的基本功能。
- S型色调曲线让图片更富节奏感。
- 过度调整会让图片不自然。

109 要控制明暗，就用高光或者阴影

要想精确地调整照片的亮部或者暗部，就用高光或者阴影滑块进行调整。在Camera Raw软件的调色板上方有直方图。中间靠右的部分代表高光，靠左的部分代表阴影。将高光滑块向右滑动，画面变亮；向左滑动，画面变暗。将阴影滑块向右滑动，阴影部分开始越发明显；向左滑动，图片的颜色开始收紧。

高光功能可以有效减少全白现象，阴影功能可以改善全黑现象。如果能熟练使用这两个功能，控制画面的明暗将会轻松许多。

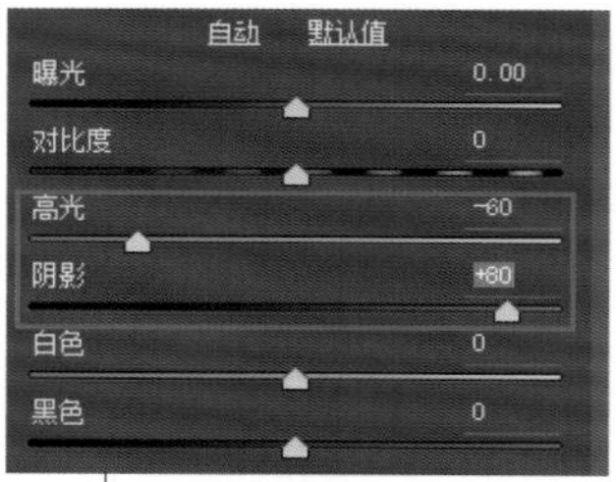

在对比度过高时，将高光滑块向左滑动，将阴影滑块向右滑动，就可以解决这个问题。

虽然森林和森林深处的田地能够看清，但是照片有发生全白现象的趋势，阴影部分也难以看清。将高光滑块向左滑动，将阴影滑块向右滑动，强烈的明暗对比开始逐渐消失，图像的表现看起来也更自然。

【共同参数】APS-C画幅相机 17-55mm变焦镜头（54mm/35mm等效焦距为86mm） 光圈优先AE模式（F8·1/80秒） ISO200 WB：日光

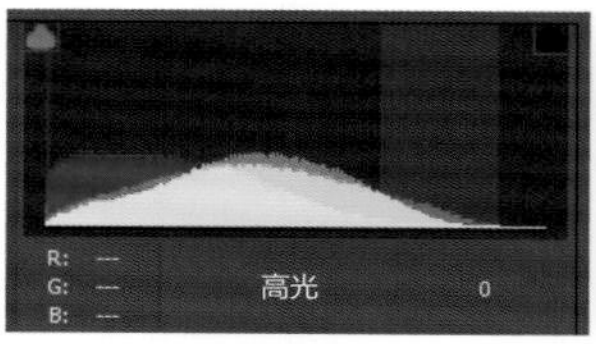

“高光”的控制范围

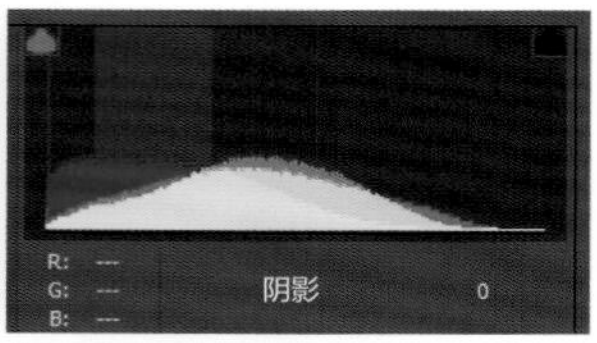

“阴影”的控制范围

直方图的浅灰色部分就是各自的调整范围。

Check!

- 直方图的浅灰色部分就是各自的调整范围。
- 通过阴影来展现暗部的情况。
- 同时使用两种功能也无妨。

110 通过白色滑块和黑色滑块调整直方图两端

如果说高光滑块和阴影滑块是用来调整直方图中央左右两侧的亮度的话，那么白色滑块和黑色滑块就是用来调整直方图左右两端的亮度的。

假如直方图中央部分只有一个峰值，那么图像给人的印象将会非常呆板。图片将会没有节奏感，色彩暗淡，平庸不堪。将白色滑块向右滑动，峰值的右侧部分向右端移动。将黑色滑块向左滑动，峰值的左侧部分向左端移动。进行这样的调整，图像将会变得非常有层次。给人的印象是，画面变亮的同时，阴影部分也变得更加清晰。

当然，这两个功能也可以反向使用。不过，高光滑块和阴影滑块主要作用是：将呆板的照片变得栩栩如生和多姿多彩。

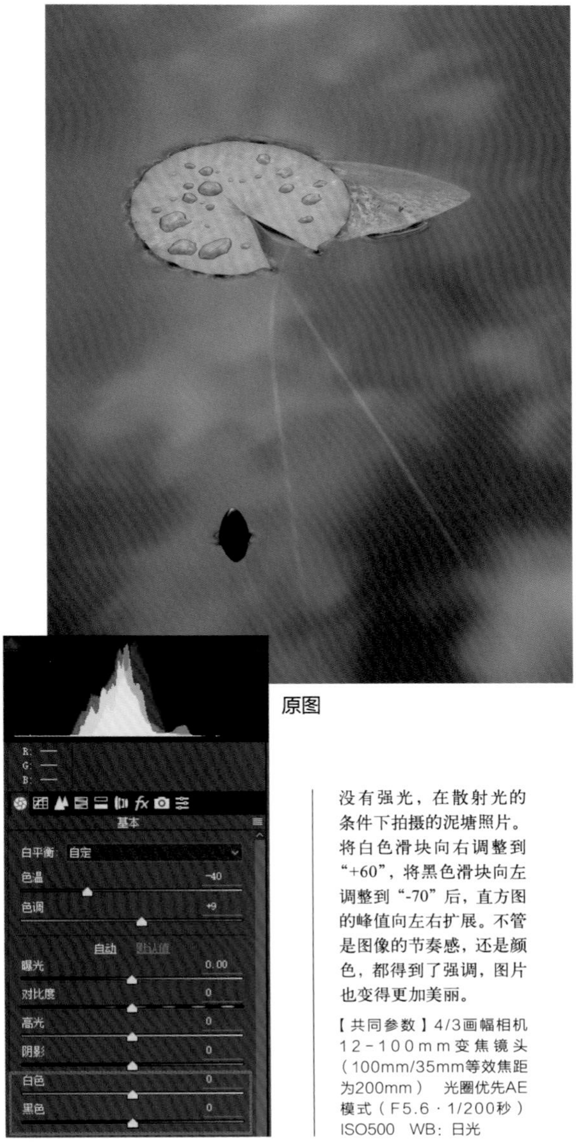

原图

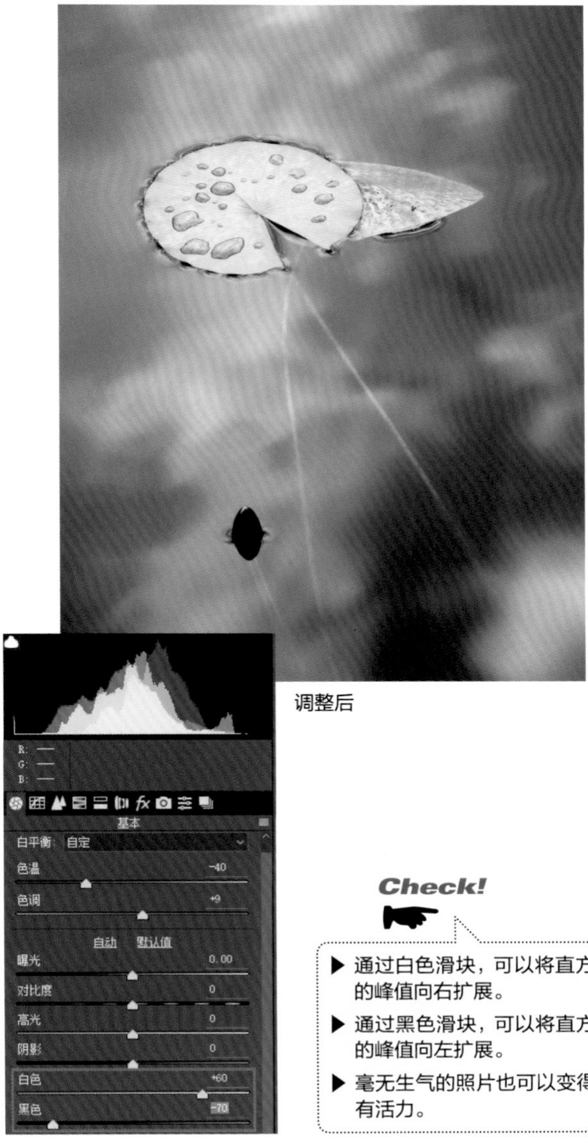

调整后

没有强光，在散射光的条件下拍摄的泥塘照片。将白色滑块向右调整到“+60”，将黑色滑块向左调整到“-70”后，直方图的峰值向左右扩展。不管是图像的节奏感，还是颜色，都得到了强调，图片也变得更加美丽。

【共同参数】4/3画幅相机 12-100mm变焦镜头（100mm/35mm等效焦距为200mm） 光圈优先AE模式（F5.6 · 1/200秒） ISO500 WB：日光

Check!

- 通过白色滑块，可以将直方图的峰值向右扩展。
- 通过黑色滑块，可以将直方图的峰值向左扩展。
- 毫无生气的照片也可以变得富有活力。

111 画面颜色不够饱和，自然饱和度为风光摄影而生

Camera Raw的基本面板中有『饱和度』和『自然饱和度』两个滑块。不管使用哪一个滑块，都可以让画面色彩更鲜艳。但是，本书推荐使用自然饱和度。其理由在于，饱和度是将画面中所有色彩一视同仁地变得更加鲜艳，而自然饱和度会控制饱和度较高的色彩，对饱和度较低的色彩进行调整。因此，正如字面意思所示，要想自然风光拍得更自然，自然饱和度无疑是最合适的。

利用这两个功能的诀窍就在于控制。色彩饱和度过高的风光照一般都得不到很高的评价。不自然的色彩会给人违和感。在你觉得调整已经恰到好处的时候，还需要一鼓作气再次到显示屏上进行确认。通常情况下，你会觉得先前恰到好处的调整稍显过度，进行微调之后会显得更自然。如果你拿捏不准，可以让第三方帮你看一下。

虽然饱和度的使用未尝不可，但是为了让图片看起来更自然，自然饱和度无疑是更好的选择。

此处，为了便于理解，选择将自然饱和度调整到“+60”。实际上，将其调整到“+30”时，图片的颜色就已经足够鲜艳。由于色彩饱和度的感知因年龄而异，所以第三方的观点有时候也很重要。

【共同参数】APS-C画幅相机　15-85mm变焦镜头（65mm/35mm等效焦距为104mm）　光圈优先AE模式（F11 · 1/100秒）　ISO320　WB：日光

Check!

- 色彩不够饱和，推荐使用自然饱和度功能。
- 禁止过度的色彩调整。
- 如果对色彩饱和度拿捏不准，可以听取第三方的意见。

112

通过清晰度调整，让图片画风变得硬朗或者柔和

想让图片变得鲜明和清晰，还是委婉而柔和，我们通过清晰度调整就能实现。将清晰度滑块向右移动，照片的阴影部分变得清晰，难以察觉的细线条也变得明显，给人留下非常硬朗的画风。与此相对，将滑块向左移动，画面就如同使用了模糊滤镜一般，其轮廓与线条变得模糊不清。它给人一种非常柔和的印象，仿佛让我们看到了另类世界的不同风景。

清晰度和色彩饱和度一样，如果调整过度，照片就会给人违和感。适度有效的调整更适合风光摄影。

例如，想要强调光芒的纹路、或者为了让阴天呆板的图像富有变化时，就可以通过提高清晰度来实现。降低清晰度，可以让图像显得更柔和，非常适合关于花朵的拍照。

Check!

- 调整清晰度，让画风变得硬朗或者柔和。
- 不要过度调整。
- 画龙点睛是诀窍。

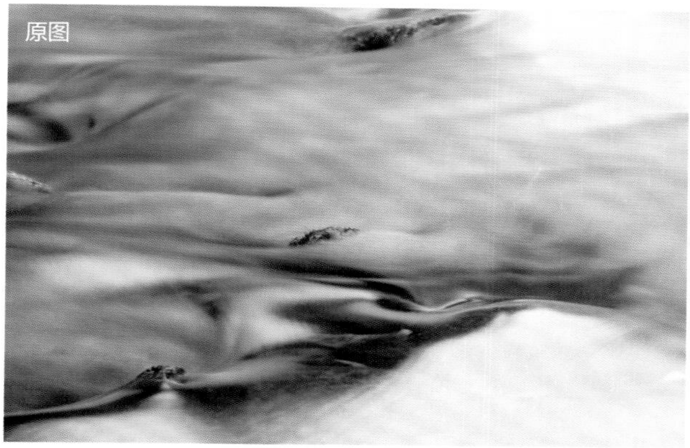

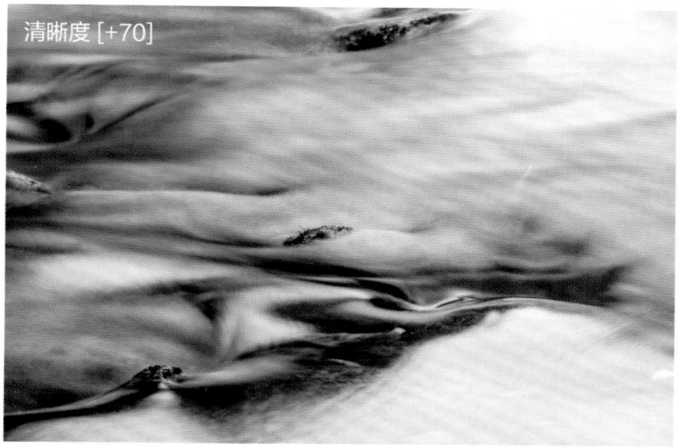

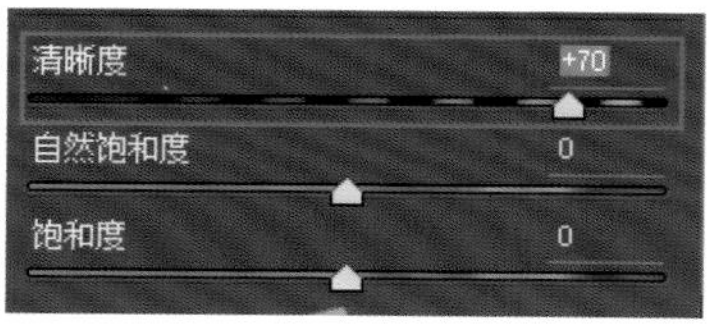

为了让效果看起来更明显，增加了画面的清晰度。如果你非常清楚自己的爱好，并且两种效果都能熟练运用，那么在风光摄影时，就能起到画龙点睛的作用。并且能够用得恰到好处的话，那就更好了。

【共同参数】全画幅相机　70-200mm变焦镜头（200mm）　光圈优先AE模式　（F16·5秒）　曝光补偿+0.3EV　ISO50　WB：日光

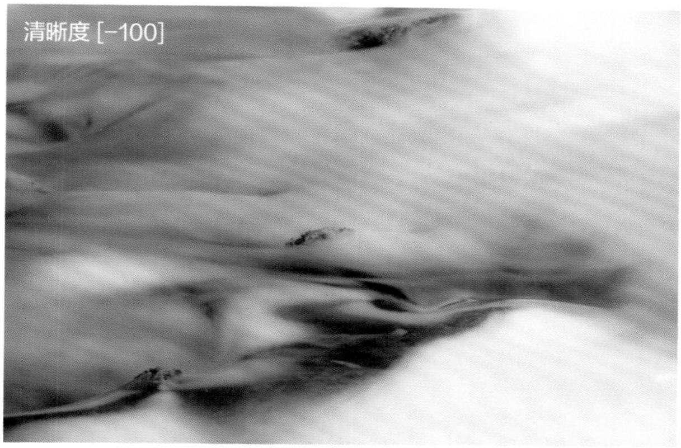

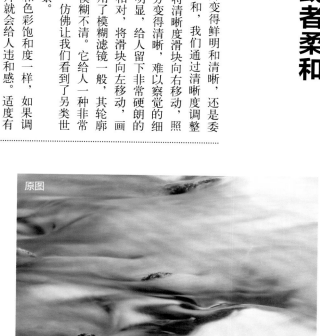

113 使用裁剪功能去掉冗余和空隙

原图

剪裁后

Check!

- 目的是去掉冗余和空隙。
- 也有以构图练习为目的的裁剪。
- 裁剪面积要尽可能小。

至于照片剪裁的重要性，我已经在第100节强调过。作为一种自主练习，照片剪裁可以提高我们的水平。至于具体的操作方法，接下来我将介绍Camera Raw软件中的剪切工具。

从下拉式菜单中选择和原图像相同的纵横比是一般操作。在默认设置里面，有1:1、2:3、3:4、4:5、5:7、9:6等类型，应该根据目的适当地选择。裁剪的目的是为了去掉图片的冗余和空隙部分。并且，应尽量减少截图面积，减少像素的损失。但是，当下多是使用高像素数码相机，多多少少的裁剪不会损失多少像素。

意识到画面的下方有多余的部分，于是对那部分进行裁剪。图片的纵横比不变，保持相机的格式。原图像大约是5000万像素，进行裁剪之后，像素能维持在4000万左右。

【共同参数】全中画幅相机 120mm定焦镜头（35mm的等效焦距为95mm） 光圈优先AE模式（F16・1/10秒） ISO100 WB：日光

长按“剪切”工具，画面就会出现下拉式菜单。只需单击，就能选择上次所使用的纵横比。

在纵横比固定的情况下，拖动光标，就能对必要范围进行裁剪。

114 通过变换工具，校正风景照的命门——水平线

原图

校正后

Check!

- ▶ 严格校正风景照中的水平线。
- ▶ 若有倾斜，要适当进行调整。
- ▶ 双击可以弹出变换工具。

风光摄影要求严格的水平垂直关系。如果画面的水平线发生倾斜，只要不是有意为之，就无法得到认可。因此，在摄影时，建议使用数码相机水平仪或者格子线来确保水平方向正确无误。特别是，水平线就是被摄对象时，要十分慎重地进行拍摄。

从外观来看，水平方向发生轻微的倾斜时，要在RAW格式下进行调整。

Camera Raw软件内置有变换工具，可以用此进行修正。双击图标，就可以进行自动修正。但是，如果被摄对象的水平垂直方向难以确定，那么自动修正就无法正确进行。

一般情况下，点击图标之后，沿着水平线等拖拽变换工具，就能够自动地调整图片的水平方向。

或许难以辨认，但是沿着画面中央水平线的确有一条黑背相间的虚线。这就是通过变换工具拖拽水平线的证据。

上图是在手持摄影的条件下捕捉到的瞬息万变的风景。被摄对象需要准确的水平方向，因此用变换工具进行调整。只需沿着水平线拖拽变换工具，就能简单完成操作。

【共同参数】4/3画幅相机　12-60mm变焦镜头（16mm/35mm的等效焦距为32mm）　光圈优先AE模式（F11 · 1/1250秒）　ISO200　WB：日光

115 使用『调整画笔』工具，进行局部调整，提升照片美观度

原图

调整后

Check!

- 使用“调整画笔”工具，进行局部调整。
- 选择合适尺寸，描摹重要部分。
- 时常检查图片看起来是否自然。

想必大家都有想对照片进行局部调整的时候吧！突出某一部分、修正全白现象、让波纹更明显……。不论调整区域的面积大小，就可以进行操作的是『调整画笔』工具。

首先，选择『调整画笔』工具。在面板下部的『尺寸』选项，选择适合校正区域的画笔尺寸，再进行描摹。在画笔面板上，排列着用于调整图像的各项参数。若是进行粗略地调整，那么只需要选择必要的参数进行操作就行。一旦你熟悉了这个工具，会的东西变多，操作就会变得非常简单，就能随心所欲地对图像进行调整。

但是，和本书所列举的所有调整工具一样，过度调整是大忌。建议大家一边进行调整，一边检查图片看起来是否自然。

将高光滑块调至“-40”，将清晰度调至“+70”

选中反光部分，使用“调整画笔”工具描摹

画面的前方有反射光，将此作为表现主题加以构图。但是，遗憾的是，画面出现了全白现象，并且光的质感变差。因此，使用画笔工具选中反光部分，将高光滑块调至“-40”后，全白现象消失。然后，将清晰度调至“+70”，凸显了光的质感。

【共同参数】APS-C画幅相机　16-55mm变焦镜头（30mm/35mm的等效焦距为45mm）　光圈优先AE模式（F11・1/4秒）　ISO200　WB：日光

116 使用渐变滤镜丰富画面层次，控制亮度和色彩

有这样一种说法：正因为有渐变滤镜这个功能，才会一直使用Camera Raw这个软件。由此可见，这个功能用处之大。渐变滤镜可以让已选画面富有层次感，让亮度、色彩以及清晰度等看起来更加自然。例如，要赋予蓝天不同的层次感，或者找回拍摄晚霞时画面丢失的山的质感等，这个功能将会非常有用。也就是说，这个功能相当于半个减光镜。想让图片更自然的时候，它具有很高的价值。

渐变滤镜在一张图片上可以反复使用，若能对其进行适当地利用，它将会具备很强的表现力。想要使画面右方变亮，让画面左方变暗时，在左右两侧各使用渐变滤镜，适当调整曝光量，就能达到理想的效果。

原图

调整后

面板上用于调整各项功能的参数。如果是这种场合，仅移动“曝光”滑块即可。

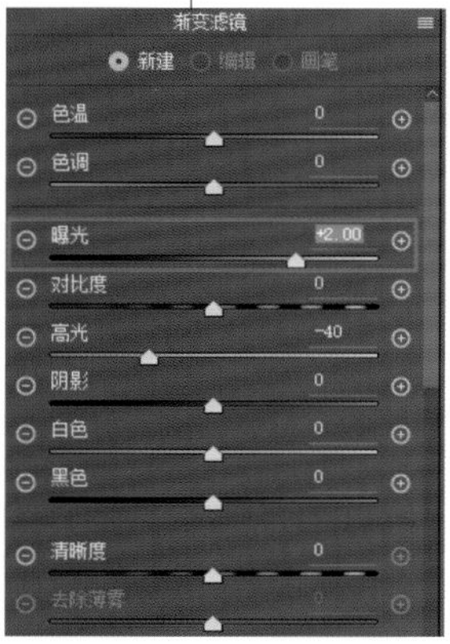

从画面下方到太阳周围使用渐变滤镜。

在强逆光条件下摄影时，画面下方的山的质感被完全破坏。使用渐变滤镜就能解决这个问题。从画面下方往上使用渐变滤镜，然后调整曝光量，直到图像看起来自然即可。

【共同参数】APS-C画幅相机18-55mm变焦镜头（18mm/35mm的等效焦距为27mm） 光圈优先AE模式（F11·1/1500秒） 曝光补偿-0.7EV ISO400 WB：日光

Check!

- 为图片增加层次感。
- 调整选项多样，丰富表现成为可能。
- 相当于半个减光镜。

117 径向滤镜可以用来凸显部分画面

原图

调整后

Check!

- 渐变滤镜的圆形版本。
- 添加点状光源或者压暗四周。
- 效果范围有外部和内部可供选择。

渐变滤镜是在直线方向上发挥效果，径向滤镜是在圆圈的外侧或者内侧增加层次感。例如，在图像上画一个圆圈，在圆圈上使用径向滤镜。圆的内侧就犹如有点状光照射一般，变得明亮；相反，圆的外侧变暗，周边的光亮减少。

径向滤镜可以用于画面的任何地方，并且大小也能自由设定。不管在圆圈外侧还是内侧，都可以增加层次感。径向滤镜的形状也可以变成椭圆形，只需要按住转换键拖拽即可。和渐变滤镜一样，径向滤镜的调整项目多样，具有很高的表现力。但是，也希望大家能避免不自然的调整。

准确选择画面下方的“外部”和“内部”，增加已选部分的层次感。

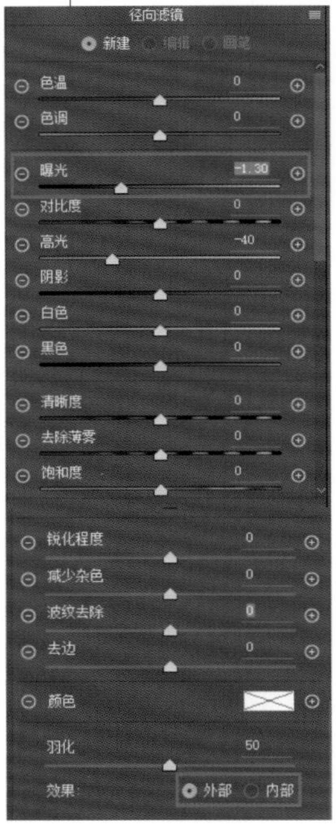

一直按着转换键再进行拖拽，就可以画出一个圆圈。如果不按着转换键，可以画出任意形状的圆。

为了便于理解，稍微夸大画面效果。以画面上方的明亮部分为中心，使用径向滤镜，效果范围选择外侧，将曝光量调整为负值。这样一来，圆的外侧开始变暗，整个画面呈现出层次感。

【共同参数】4/3画幅相机 7-14mm变焦镜头（7mm/35mm的等效焦距为14mm） 光圈优先AE模式（F4・1/60秒 曝光补偿+0.7EV ISO200 WB：日光

118 通过除雾功能消除或者增加朦胧感

如果拍摄场面的氛围朦朦胧胧，毫不清晰，那么拍照欲望也会跟着下降。如果硬是要拍摄那样的风景，可以使用Camera Raw中的除雾功能，让画面变得更清晰。反过来讲，这个功能也可以使生硬的场面变得柔和。

将除雾滑块向右滑动，画面变得清晰；向左滑动，画面变得朦胧。将除雾滑块向右移动，图片变得清晰的同时，画面的色彩饱和度和对比度也会跟着提高。根据情况，有时需要调整其他参数。

风光摄影时，若画面烟雾弥漫，这个功能可以派上大用场。烟雾过浓，可以使用除雾功能，将隐藏在烟雾中的景物显现出来。反之，这个功能也可以增加画面雾气。

雾太浓，背景中瀑布的模样难以辨认。因此，使用除雾功能，尝试将除雾滑块调整到“+70”，将雾景变成了理想的状况。但是，需要注意的是，对比度和饱和度会因此有所提高。

【共同参数】4/3画幅相机　12-100mm变焦镜头（16mm/35mm的等效焦距为32mm）　光圈优先AE模式（F4 · 1/320秒）　ISO200　WB：日光

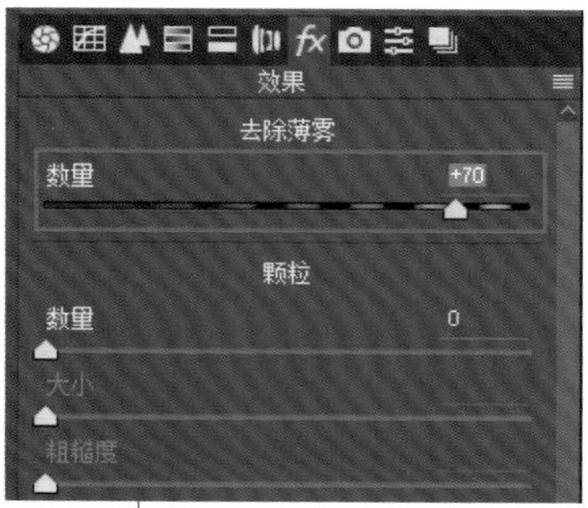

由于将除雾滑块调整到了稍高的“+70”，对比度和色彩饱和度都有所提高。建议大家使用曝光量滑块，对亮度进行调整。

Check!

- ▶ 让朦胧的风景变得清晰。
- ▶ 也可以让画面变得更柔和。
- ▶ 适当地控制雾的浓度。

版权登记号：01-2019-3016

图书在版编目（CIP）数据

轻松拍牛片：自然风光摄影速成秘籍：实践准备、拍摄、RAW显像技巧精粹／（日）萩原史郎，（日）萩原俊哉著；向钊译
. — 北京：中国青年出版社，2020. 1
ISBN 978-7-5153-5911-3
I.①轻… II.①萩… ②萩… ③向… III. ①风光摄影-摄影艺术 IV. ①TB86②J41

中国版本图书馆CIP数据核字（2019）第282069号

策划编辑 张 鹏
责任编辑 张 军
封面设计 彭 涛

轻松拍牛片 —— 自然风光摄影速成秘籍：
实践准备、拍摄、RAW显像技巧精粹
[日]萩原史郎、[日]萩原俊哉／著；向钊／译

出版发行：中国青年出版社
地　　址：北京市东四十二条21号
邮政编码：100708
电　　话：（010）59521188／59521189
传　　真：（010）59521111
企　　划：北京中青雄狮数码传媒科技有限公司
印　　刷：北京建宏印刷有限公司
开　　本：787 x 1092 1/16
印　　张：11
版　　次：2020年6月北京第1版
印　　次：2020年6月第1次印刷
书　　号：ISBN 978-7-5153-5911-3
定　　价：79.80元

本书如有印装质量等问题，请与本社联系
电话：（010）59521188 / 59521189
读者来信：reader@cypmedia.com
投稿邮箱：author@cypmedia.com
如有其他问题请访问我们的网站：http://www.cypmedia.com